Proyecto
SMOG

EMILIO GALÁN

ISBN-10: 1517621313
ISBN-13: 978-1517621315

Abréviations - Abreviaturas

f.	substantif féminin	sustantivo femenino
f.pl.	substantif féminin pluriel	sustantivo femenino plural
m.	substantif masculin	sustantivo masculino
m.pl.	substantif masc.pluriel	sustantivo masculino plural
p.p.	participe passé	participio pasado
part.	participe	Participio
prep.	préposition	Preposición
pron.	pronom	Pronombre
v.intr.	verbe intransitif	verbo intransitivo
v.irreg.	verbe irrégulier	verbo irregular
v.pron.	verbe pronominal	verbo pronominal
v.tr.	verbe transitif	verbo transitivo
v.tr.irreg	verbe transitif irrégulier	verbo transitivo irregular

Léxico y términos de la
BANCA Y DE LOS
MERCADOS FINANCIEROS

ESPAÑOL - FRANCES

LEXIQUE DE LA BANQUE ET DES MARCHÉS FINANCIERS

a cargo de

Español	Francés
a cargo de	à charge de
a causa de	à cause de
a condición	à condition
a condición que	à condition que
a corto plazo	à court terme
a crédito	à crédit
a cuenta	acompte
a diferencia de	contrairement à
a falta de	à défaut de
a favor de	à la faveur de
a fecha fija	à date fixe
a fondo perdido	à fonds perdu
a futuro	à futur
a la baja	à la baisse
a la fecha	à date
a la par	au pair
a la vista	à vue
a largo plazo	à long terme
a medio plazo	à moyen terme
a nuestro cargo	à notre charge
a pagar	payable (a.)
a plazo	à terme
a precio de mercado	à prix du marché
a título informativo	à titre informatif
a todos los efectos	à tous effets
abajo firmante	soussigné (a.)
abandono de acciones	abandon d´actions
abarcar (v. tr.)	embrasser (v. tr.)
abierto (a.)	ouvert (a.)

abogacía *(f.)*	**barreau** *(m.)*
abogado *(m.)*	**avocat** *(m.)*
abogado consultor	*avocat conseil*
abonable *(a.)*	**abonable** *(a.)*
abonado *(a.)*	**abonné** *(a.)*
abonar *(v. tr.e intr.)*	**créditer** *(v.)*
abonar al contado	*payer au comptant*
abonar de más	*payer en trop*
abonar en cuenta	*créditer en compte*
abonar una remesa	*créditer une remise*
abonaré *(m.)*	**avis de crédit**
abono *(m.)*	**paiement** *(m.)*
abono a cuenta	*~ à titre d´acompte*
abonos pendientes	*paiements en attente*
abrir *(v. tr.)*	**ouvrir** *(v. intr.et tr.)*
abrir un crédito	*ouvrir un crédit*
abrir una cuenta	*ouvrir un compte*
absoluto *(a.)*	**absolu** *(a.)*
absorber *(v. tr.)*	**absorber** *(v. tr.)*
absorber costes	*absorber les coûts*
absorber pérdidas	*absorber les pertes*
abusar *(v. intr.)*	**abuser** *(v.tr.)*
abusivo *(a.)*	**abusif** *(a.)*
abuso *(m.)*	**abus** *(m.)*
abuso de confianza	*abus de confiance*
acabar *(v. tr.e intr.)*	**finir** *(v. intr.et tr.)*
acaparar *(v. tr.)*	**accaparer** *(v.tr.)*
acatar *(v. tr.)*	**respecter** *(v. tr.)*
acceder *(v. int.)*	**accéder** *(v.intr.)*
acceder a lo solicitado	*acquiescer à une requête*
acceder a una petición	*accorder une pétition*
accesible *(a.)*	**accessible** *(a.)*
accesorio *(a.)*	**accessoire** *(a.)*

acción *(f.)*	**action** *(f.)*
acción a la par	*action au pair*
acción al portador	*action au porteur*
acción antigua	*action ancienne*
~ con derecho a voto	*~ donnant droit à voter*
acción convertible	*action convertible*
acción cotizable	*action cotée*
acción de fundador	*action de fondateur*
acción en cartera	*action en portefeuille*
acción endosable	*action endossable*
acción estampillada	*action estampillée*
acción gratuita	*action gratuite*
acción hipotecaria	*action hypothécaire*
acción liberada	*action libérée*
acción nominativa	*action nominative*
acción ordinaria	*action ordinaire*
acción preferente	*action privilégiée*
acción primada	*action première*
acción privilegiada	*action privilégiée*
~ sin derecho a voto	*action sans droit à voter*
~ sin valor nominal	*~ sans valeur nominale*
acciones amortizables	*actions amortissables*
acciones bancarias	*actions bancaires*
acciones con prima	*actions facultatives*
acciones de petróleos	*actions en pétrole*
acciones eléctricas	*actions électriques*
acciones emitidas	*actions émises*
acciones en circulación	*actions en circulation*
acciones industriales	*actions industrielles*
acciones liberadas	*actions libérées*
acciones no emitidas	*actions non émises*
acciones ordinarias	*actions ordinaires*
accionar *(v. tr.e intr.)*	**actionner** *(v. tr.)*

accionariado (m.)	**actionnariat** (m.)
accionista (m.)	**actionnaire** (m.)
accionista minoritario	*actionnaire minoritaire*
aceleración (f.)	**accélération** (f.)
acelerado (a.)	**accéléré** (a.)
aceptabilidad (f.)	**acceptabilité** (f.)
aceptable (a.)	**acceptable** (a.)
aceptación (f.)	**acceptation** (f.)
aceptación bancaria	*acceptation bancaire*
aceptación comercial	*~ commerciale*
aceptación condicional	*~ conditionnelle*
aceptación de depósito	*acceptation de dépôt*
aceptación de una letra	*~ d'une lettre de change*
aceptación en banco	*acceptation à la banque*
~ expresa y absoluta	*~ expresse et pleine*
aceptación falsa	*acceptation fausse*
aceptación general	*acceptation générale*
aceptación incondicional	*~inconditionnelle*
aceptación limitada	*acceptation limitée*
aceptación parcial	*acceptation partielle*
~ por menor cuantía	*~ pour quantité inférieure*
aceptación posterior	*acceptation postérieure*
aceptada (a.)	**acceptée** (a.)
aceptante (m.y f.)	**acceptant** (m.)
aceptar (v. tr.)	**accepter** (v. tr.)
aceptar a reserva	*accepter avec réserve*
aceptar un poder	*accepter un mandat.*
aceptar una letra	*~une lettre de change*
acepto (m.)	**acceptation** (f.)
acertado (a.)	**opportun** (a.)
aclaración (f.)	**éclaircissement** (m.)
aclarar (v. tr.)	**éclaircir** (v. tr.)
acomodación (f.)	**accommodement** (m.)

acomodar *(v. tr.)*	**accommoder** *(v. tr.)*
acomodo *(m.)*	**accommodement** *(m.)*
acompañar *(v. tr.)*	**accompagner** *(v. tr.)*
aconsejar *(v. tr.)*	**conseiller** *(v. tr.)*
acontecimiento *(m.)*	**événement** *(m.)*
acordar *(v. tr.)*	**convenir** *(v. intr.)*
acordar una moratoria	*consentir un moratoire*
acreditar *(v. tr.)*	**accréditer** *(v. tr.)*
acreditar una cuenta	*abonner* *(v. tr.)*
acreditativo *(a.)*	**accréditif** *(a.)*
acreedor *(a. y m..)*	**créancier** *(m.)*
acreedor común	*créancier commun*
acreedor con caución	*créancier avec caution*
acreedor con garantía	*créancier avec garanties*
acreedor de bancarrota	*créancier de banqueroute*
acreedor de la masa	*créancier de la masse*
acreedor del fallido	*créancier du failli*
acreedor ejecutante	*~ qui poursuit son débiteur*
acreedor hipotecario	*créancier hypothécaire*
~ mancomunado	*créancier conjoint*
acreedor personal	*créancier personnel*
acreedor pignoraticio	*créancier gagiste*
acreedor prendario	*créancier gagiste*
acreedor solidario	*créancier solidaire*
acta *(f.)*	**acte** *(f.et m.)*
acta de cesión	*acte de cession*
acta de comercio	*acte de commerce*
acta de notificación	*acte de signification*
acta de protesto	*acte de protêt*
acta de requerimiento	*acte d´intimation*
acta de venta	*acte de vente*
acta fiduciaria	*acte fiduciaire*
acta literal	*acte littérale*

acta notarial	acte rédigé par un notaire
actitud *(f.)*	**attitude** *(f.)*
actividad *(f.)*	**activité** *(f.)*
actividad comercial	activité commerciale
actividad económica	activité économique
actividad financiera	activité financière
actividad inversora	activité investisseuse
activo *(m.)*	**actif** *(m.)*
activo aceptable	actif acceptable
activo amortizable	actif amortissable
activo bruto	actif brut
activo circulante	actif circulant
activo computable	actif calculable
activo congelado	actif bloqué
activo consumible	actif consommable
activo de caja	actif courant
activo de capital	actif de capital
activo de explotación	actif d'exploitation
activo de la quiebra	actif de la faillite
activo diferido	actif différé
activo disponible	actif disponible
activo en efectivo	actif effectif
activo exigible	actif exigible
activo ficticio	actif fictif
activo fijo	actif fixe
activo gravado	actif grevé
activo hipotecario	actif hypothécaire
activo improductivo	actif improductif
activo inmovilizado	actif immobilisé
activo intangible	actif immatériel
activo líquido	actif liquide
activo neto	actif net
activo neto realizable	actif non réalisable

activo neto relicto	actif patrimonial net
activo no aceptado	actif refusé
activo no acumulado	actif non accumulé
activo no computable	actif non calculable
activo no confirmado	actif non confirmé
activo oculto	actif occulte
activo perecedero	actif périssable
activo realizable	actif réalisable
activo tangible	actif tangible
activo transitorio	actif transitoire
activos financieros	actifs financiers
acto *(m.)*	**acte** *(m.)*
acto jurídico	acte juridique
actuación *(f.)*	**action** *(f.)*
actual *(a.)*	**actuel** *(a.)*
actualizar *(v. tr.)*	**actualiser** *(v. tr.)*
actuar *(v. intr.)*	**agir** *(v.intr.)*
actuar como	agir comme
actuar de buena fe	procéder de bonne foi
actuar de intermediario	agir d'intermédiaire
actuar en calidad de	agir en qualité de
~ en representación de	agir en représentation de
acudir *(v. intr.reg.)*	**arriver** *(v. intr.)*
acuerdo *(m.)*	**accord** *(m.)*
acuerdo bilateral	accord bilatéral
acuerdo extrajudicial	accord extrajudiciaire
acuerdo monetario	accord monétaire
~por aclamación	accord par acclamation
acuerdo por escrito	accord écrit
acuerdo por mayoría	accord à la majorité
acuerdo por votación	accord par votation
acumulación *(f.)*	**accumulation** *(f.)*
~ de acciones	jonction de causes

~de intereses	capitalisation des intérêts
acumular *(v. tr.)*	**accumuler** *(v. tr.)*
acuñación *(f.)*	**frappe** *(f.)*
acuñar *(v. tr.)*	**frapper** *(v.intr. et tr.)*
acuñar moneda	battre monnaie
acuse de recibo	**accusé de réception**
adaptación *(f.)*	**adaptation** *(f.)*
adaptar *(v. tr.)*	**adapter** *(v. tr.)*
adecuar *(v. tr.)*	**adapter** *(v. tr.)*
adelantar *(v. tr.)*	**avancer** *(v. tr.et intr.)*
adelanto *(m.)*	**avance** *(f.)*
adelanto de dinero	avance d'argent
~ en cuenta corriente	avance en compte
adeudar *(v. tr.)*	**débiter** *(v. tr.)*
adeudar en cuenta	débiter *(v. tr.)*
adeudo *(m.)*	**débit** *(m.)*
adición *(f.)*	**addition** *(f.)*
adicional *(a.)*	**additionnel** *(a.)*
adjudicación *(f.)*	**adjudication** *(f.)*
~de acciones	adjudication d´actions
adjudicar *(v. tr.)*	**adjuger** *(v. tr.)*
adjudicatario *(m.)*	**adjudicataire** *(m.)*
adjuntar *(v. tr.)*	**adjoindre** *(v.tr.)*
adjunto *(a.)*	**adjoint** *(a.)*
administración *(f.)*	**administration** *(f.)*
~ de una sociedad	~d'une société
administración legal	administration légale
administración pública	administration publique
administrado *(a.)*	**administré** *(a.)*
administrador *(m.)*	**administrateur** *(m.)*
~ de un patrimonio	régisseur de domaine
administrador único	administrateur unique
administrar *(v. tr.)*	**administrer** *(v. tr.)*

administrativo *(a.)*	**administratif** *(a.)*
admisible *(a.)*	**admissible** *(a.)*
admisión *(f.)*	**admission** *(f.)*
~ *a cotización oficial*	*admission à la côte*
admitido *(p. p.)*	**admis** *(a.)*
admitir *(v. tr.)*	**admettre** *(v. tr.)*
admitir una deuda	*admettre une dette*
admitir una firma	*admettre une signature*
adoptar *(v. tr.)*	**adopter** *(v. tr.)*
adoptar un acuerdo	*adopter un accord*
adquirente *(s.)*	**acquéreur** *(s.)*
adquirido *(a.)*	**acquis** *(a.)*
adquirir *(v.tr.)*	**acquérir** *(v. tr.)*
adquirir derechos	*acquérir des droits*
adquisición *(f.)*	**acquisition** *(f.)*
adquisición de buena fe	*acquisition de bonne foi*
adquisitivo *(a.)*	**acquisitif** *(a.)*
adversario *(m.)*	**adversaire** *(m.)*
advertencia *(f.)*	**avertissement** *(m.)*
afectar *(v. tr.)*	**affecter** *(v. tr.)*
afectar cuentas	*affecter de comptes*
afectar fondos	*affecter de fonds*
afianzado *(p. p.)*	**garanti** *(a.)*
afianzador *(m.)*	**garant** *(a. et s.)*
afianzamiento *(m.)*	**cautionnement** *(m.)*
afianzar *(v. tr.)*	**cautionner** *(v. tr.)* **garantir** *(v. tr.)*
afirmar *(v. tr.)*	**affirmer** *(v. tr.)*
afluencia *(f.)*	**affluence** *(f.)*
afluencia de divisas	*affluence de devises*
afrontar *(v. tr.)*	**affronter** *(v. tr.)*
agencia *(f.)*	**agence** *(f.)*
agencia de cambio	*bureau de change*

agenda (f.)	**agenda** (m.)
agente (m. y a.)	**agent** (a. et s.)
~de cambio y bolsa	agent de change
agente de comercio	agent de commerce
agente de seguros	agent d'assurances
agravación (f.)	**aggravation** (f.)
agravante (f. y a.)	**aggravant** (a. et s.)
agravar (v. tr.)	**aggraver** (v. tr.)
agregar (v. tr.)	**ajouter** (v. tr.)
agresión (f.)	**agression** (f.)
a mano armada	à main armée
agresivo (a.)	**agressif** (a.)
agresor (m.)	**agresseur** (m.)
ahorrador (m.)	**économe** (a.et s.)
ahorrar (v. tr.)	**épargner** (v. tr.)
ahorrista (a. y m/f.)	**économe** (a.et s.)
ahorro (m.)	**épargne** (f.)
ahorro bruto	épargne brute
ahorro insuficiente	épargne insuffisante
ahorro interior	épargne interne
ahorro Nacional	épargne nationale
ahorro personal	épargne personnelle
ahorros (m. pl.)	**économies** (f. pl.)
ajustado (p. p.)	**ajusté** (a.)
ajustar (v. tr.)	**ajuster** (v. tr.)
ajustar los precios	convenir un prix
ajuste (m.)	**réglable** (m.et a.)
ajuste cambiario	accord de change
ajuste de inventario	accord d'inventaire
ajuste de primas	accord de prime
ajuste de renta	accord de revenu
ajuste financiero	accord financier
al alza	**à la hausse**

al contado	au comptant
al día	à jour
al precio del día	au prix du jour
alarma *(f.)*	alarme *(f.)*
alcanzable *(a.)*	atteignable *(a.)*
alcanzar *(v. tr.e intr.)*	atteindre *(v. tr.)*
alcista *(a.)*	haussier *(a.)*
alegaciones *(f. pl.)*	allégations *(f. pl.)*
alegar *(v. tr.)*	alléguer *(v. tr.)*
alentador *(a.)*	encourageant *(a.)*
alertar *(v. intr.)*	alerter *(v. tr.)*
alguno *(a.)*	quelque *(a.)*
aliciente *(m.)*	attrait *(m.)*
alivio *(m.)*	allégement *(m.)*
allanar *(v. tr.e intr.)*	aplanir *(v. tr.)*
alta *(a.)*	haute *(a.)*
alta cotización	*haute cote*
altas finanzas	*hautes finances*
alternativa *(f.)*	alternative *(f.)*
alza *(f.)*	hausse *(f.)*
alza de precios	*hausse des prix*
amable *(a.)*	aimable *(a.)*
ambigüedad *(f.)*	ambiguïté *(f.)*
ambiguo *(a.)*	ambigu *(a.)*
ámbito *(m.)*	cadre *(m.)*
amigable *(a.)*	amiable *(a.)*
amistoso *(a.)*	amical *(a.)*
amortizable *(a.)*	amortissable *(a.)*
amortización *(f.)*	amortissement *(m.)*
~acelerada	*~accéléré*
~ compensatoria	*~compensatoire*
~de deuda	*~d'une dette*
~ de obligaciones	*~d'obligations*

amortización de títulos	~de titres
~ de un préstamo	~d'un emprunt
amortización directa	~direct
amortización fija	~fixe
amortización financiera	~financier
amortización indirecta	~indirect
amortización libre	amortissement libre
amortizar *(v. tr.)*	**amortir** *(v. tr.)*
ampliación *(f.)*	agrandissement *(m.)* augmentation *(f.)* prorogation *(f.)*
ampliación de capital	augmentation de capital
ampliación de crédito	supplément de crédit
ampliación de hipoteca	extension de l'hypothèque
ampliación de mercado	développement du marché
ampliación del plazo	prorogation du terme
ampliado *(a.)*	**agrandi** *(a.)*
ampliar *(v. tr.)*	**agrandir** *(v.tr.)*
amplio *(a.)*	**ample** *(a.)*
amplitud *(f.)*	**ampleur** *(f.)*
análisis *(m.)*	**analyse** *(f.)*
análisis de balance	analyse de bilan
análisis de costes	analyse des coûts
análisis de cuentas	analyse des comptes
análisis de documentos	étude de documents
análisis de inventarios	analyse d'inventaire
análisis de inversiones	analyse d'investissement
~ de la competencia	analyse de la concurrence
análisis de mercado	étude du marché
~de vencimientos	analyse des échéances
análisis del valor	analyse de la valeur
análisis económico	analyse économique
análisis estadístico	étude statistique
análisis financiero	analyse financière

analista *(m. y f.)*	**analyste** *(m.et f.)*
analizar *(v. tr.)*	**analyser** *(v. tr.)*
anexar *(v. tr.)*	**annexer** *(v. tr.)*
anexión *(f.)*	**annexion** *(f.)*
anexo *(m.)*	**annexe** *(m.)*
animación *(f.)*	**animation** *(f.)*
animado *(a.)*	**animé** *(a.)*
anormal *(a.)*	**anormal** *(a)*
anotación *(f.)*	**annotation** *(f.)*
anotación contable	*écriture comptable*
anotación en el debe	*annotation sur le doit*
anotación en el haber	*annotation sur l'avoir*
anotaciones *(f. pl.)*	**annotations** *(f. pl.)*
anotar *(v. tr.)*	**noter** *(v. tr.)*
anotar en el diario	*annoter sur le journal*
anotar en la factura	*annoter sur la facture*
anotar un asiento	*annoter un poste du bilan*
antedata *(f.)*	**antidate** *(f.)*
antedatar *(v. tr.)*	**antidater** *(v. tr.)*
antefirma *(f.)*	**titre du signataire**
antelación *(f.)*	**anticipation** *(f.)*
anterior *(a.)*	**antérieur** *(a.)*
antes del plazo	**avant terme**
anticipación *(f.)*	**anticipation** *(f.)*
anticipadamente *(adv.)*	**préalablement** *(adv.)*
anticipado *(p. p.)*	**anticipé** *(a.)*
anticipar *(v. tr.)*	**anticiper** *(v.tr.et intr.)*
anticipo *(m.)*	**avance** *(f.)*
anticipo de dinero	*avance d'argent*
~sobre exportaciones	*~sur les exportations*
antieconómico *(a.)*	**antiéconomique** *(a.)*
antigüedad *(f.)*	**antiquité** *(f.)*
anti inflacionista *(a.)*	**anti-inflationniste** *(a.)*

antimonopolio (*a.*)	**antimonopole** (*a.*)
anual (*a.*)	**annuel** (*a.*)
anualidad (*f.*)	**annuité** (*f.*)
~ *de amortización*	*annuité d'amortissement*
~*de capitalización*	*annuité de capitalisation*
anuario (*m.*)	**annuaire** (*m.*)
anuencia (*f.*)	**assentiment** (*m.*)
anulabilidad (*f.*)	**annulabilité** (*f.*)
anulable (*a.*)	**annulable** (*a.*)
anulación (*f.*)	**annulation** (*f.*)
anulación de un asiento	~*d'un poste du bilan*
anulado (*p. p.*)	**annulé** (*a.*)
anular (*v. tr.*)	**annuler** (*v. tr.*)
anular un contrato	*annuler un contrat*
anular un crédito	*annuler un crédit*
~ *una partida contable*	*annuler un poste du bilan*
anunciar (*v. tr.*)	**annoncer** (*v. tr.*)
anuncio (*m.*)	**annonce** (*m.*)
añadido (*a.*)	**ajouté** (*a.*)
añadidura (*f.*)	**addition** (*f.*)
añadir (*v. tr.*)	**ajouter** (*v. tr.*)
año (*m.*)	**année** (*f.*)
año civil	*année civile*
año de referencia	*année de référence*
año financiero	*exercice financier*
año fiscal	*exercice fiscale*
año natural	*année calendaire*
apalancamiento (*m.*)	**levage** (*m.*)
aparente (*a.*)	**apparent** (*a.*)
aparte (*adv.*)	**à part** (*adv.*)
apéndice (*m.*)	**appendice** (*m.*)
apertura (*f.*)	**ouverture** (*f.*)
apertura de un mercado	*ouverture d'un marché*

aperturar *(v. tr.)*	**ouvrir** *(v. intr.et tr.)*
aplazado *(p. p.)*	**ajourné** *(a.)*
aplazamiento *(m.)*	**ajournement** *(m.)*
aplazamiento de pago	*sursis de paiement*
aplazar *(v. tr.)*	**ajourner** *(v. tr.)*
aplazar un pago	*reculer un paiement*
aplicabilidad *(f.)*	**applicabilité** *(f.)*
aplicable *(a.)*	**applicable** *(a.)*
aplicación *(f.)*	**application** *(f.)*
aplicar *(v. tr.)*	**appliquer** *(v. tr.)*
apoderado *(a.)*	**mandataire** *(m.)*
apoderar *(v. tr.)*	**déléguer des pouvoirs**
aportación *(f.)*	**apport** *(m.)*
aportación de capital	*apport en capital*
aportar *(v. intr.y tr.)*	**débarquer** *(v. intr.et tr.)*
apostar *(v. tr. irreg.)*	**parier** *(v. intr. et tr.)*
apoyar *(v. tr.)*	**appuyer** *(v. tr.)*
apoyo *(m.)*	**appui** *(m.)*
apreciable *(a.)*	**appréciable** *(a.)*
apreciar *(v. tr.)*	**apprécier** *(v. tr.)*
aprecio *(m.)*	**appréciation** *(f.)*
apremiar *(v. tr.)*	**contraindre** *(v. tr.)*
apremiar el pago	*contraindre à payer*
apremio *(m.)*	**contrainte** *(f.)*
apretar *(v. tr.)*	**presser** *(v. tr.et intr.)*
aprieto *(m.)*	**embarras** *(m.)*
aprobación *(f.)*	**approbation** *(f.)*
aprobado *(a.)*	**approuvé** *(a.)*
aprobar *(v. tr.)*	**approuver** *(v. tr.)*
apropiación *(f.)*	**appropriation** *(f.)*
apropiación indebida	*appropriation indue*
apropiadamente *(adv.)*	**convenablement** *(adv.)*
apropiado *(a.)*	**approprié** *(a.)*

apropiar *(v. tr.)*	approprier *(v. tr.)*
aproximación *(f.)*	approximation *(f.)*
aproximativo *(a.)*	approximatif *(a.)*
apunte *(m.)*	annotation *(f.)*
apuro *(m.)*	embarras *(m.)*
aquiescencia *(f.)*	acquiescement *(m.)*
arbitraje *(m.)*	arbitrage *(m.)*
arbitraje de cambio	*arbitrage de change*
arbitraje de divisas	*arbitrage de devises*
arbitraje de valores	*arbitrage de titres*
arbitral *(a.)*	arbitral *(a.)*
arbitrario *(a.)*	arbitraire *(a.)*
archivado *(p. p.)*	classé *(a.)*
archivar *(v. tr.)*	classer *(v. tr.)*
archivo *(m.)*	archive *(m.)*
área de libre comercio	**zone de libre échange**
área del dólar	*zone de dollar*
argüir *(v. tr.)*	arguer *(v. tr.)*
argumentación *(f.)*	argumentation *(f.)*
argumento *(m.)*	argument *(m.)*
arma *(f.)*	arme *(f.)*
arma blanca	*arme blanche*
arma contundente	*arme contondante*
arma de fuego	*arme à feu*
arma peligrosa	*arme dangereuse*
arqueo de caja	**vérification de caisse**
arras *(f. pl.)*	arrhes *(f.pl.)*
arreglar *(v. tr.)*	arranger *(v. tr.)*
	accommodement *(m.)*
arreglo *(m.)*	
	arrangement *(m.)*
arriesgado *(a.)*	risqué *(a.)*
arriesgar *(v. tr.)*	risquer *(v. tr.)*
arriesgarse *(v. pron.)*	risquer de *(v. pron.)*

arruinamiento *(m.)*	ruine *(f.)*
arruinar *(v.tr.)*	ruiner *(v.tr.)*
articular *(v. tr.)*	articuler *(v. tr.)*
artículo *(m.)*	article *(m.)*
artificial *(a.)*	artificiel *(a.)*
asalariados *(a.)*	salariés *(a.)*
asaltar *(v. tr.)*	assaillir *(v. tr.)*
asalto *(m.)*	assaut *(m.)*
asalto a mano armada	*attaque à main armée*
asamblea *(f.)*	assemblée *(f.)*
ascendente *(a.)*	ascendant *(a. et m.)*
ascenso *(m.)*	avancement *(m.)*
asegurado *(a.)*	assuré *(a.)*
asegurador *(m.)*	assureur *(m.)*
asegurar *(v. tr.)*	assurer *(v. tr.)*
asentar en el diario	porter sur le journal
asentimiento *(m.)*	consentement *(m.)*
asentir *(v. tr)*	acquiescer *(v. intr.)*
asesor jurídico	conseiller juridique
asesoramiento *(m.)*	conseil *(m.)*
asesorar *(v. tr.)*	conseiller *(v. tr.)*
asesoría *(f.)*	assessorat *(m.)*
asiento *(m.)*	poste de bilan
~complementario	*écriture complémentaire*
asiento contable	*écriture comptable*
asiento de cierre	*écriture de clôture*
asiento de diario	*écriture quotidienne*
asiento de rectificación	*écriture de rectification*
asiento equivocado	*écriture douteuse*
asignable *(a.)*	assignable *(a.)*
asignación *(f.)*	assignation *(f.)*
asignar *(v. tr.)*	assigner *(v. tr.)*
asistir *(v. tr.e intr.)*	assister *(v.intr.)*

asociado *(m.)*	associé *(m.)*
asociar *(v. tr.)*	associer *(v. tr.)*
asumido *(p.p.)*	assumé *(a.)*
asumir *(v. tr.)*	assumer *(v. tr.)*
asumir la responsabilidad	*assumer la responsabilité*
asunto *(m.)*	affaire *(f.)*
atañer *(v. intr.)*	concerner *(v. tr.)*
ataque *(m.)*	attaque *(m.)*
atención *(f.)*	attention *(f.)*
atenuar *(v. tr.)*	atténuer *(v. tr.)*
atesoramiento *(m.)*	thésaurisation *(f.)*
atonía *(f.)*	atonie *(f.)*
átono *(a.)*	atone *(a.)*
atracar *(v. tr.)*	agresser *(v. tr.)*
atraco *(m.)*	agression *(f.)*
atraer *(v. tr.irreg.)*	attirer *(v. tr.)*
atraer clientes	*attirer des clients*
atrasado *(p. p.)*	arriéré *(a.)*
atrasar *(v. tr.)*	**être en retard**
atrasos *(m. pl.)*	arriérés *(m. pl.)*
atribución *(f.)*	attribution *(f.)*
atribuible *(a.)*	attribuable *(a.)*
atribuido *(p. p.)*	attribué *(a.)*
atribuir *(v. tr.)*	attribuer *(v. tr.)*
auditor *(m.)*	auditeur *(m.)*
auditoría *(f.)*	audit *(m.)*
auge *(m.)*	expansion *(f.)*
aumentar *(v. tr.e intr.)*	augmenter *(v.intr.et tr.)*
~ el tipo de interés	*~le taux d'intérêt*
aumento *(m.)*	augmentation *(f.)*
	accroissement *(m.)*
aumento de capital	*augmentation de capital*
aumento de precio	*augmentation de prix*

aumento del riesgo	*augmentation du risque*
autenticación *(f.)*	**authentification** *(f.)*
autenticar *(v. tr.)*	**authentiquer** *(v. tr.)*
autenticidad *(f.)*	**authenticité** *(f.)*
auténtico *(a.)*	**authentique** *(a.)*
autentificar *(v. tr.)*	**authentifier** *(v. tr.)*
autobanco *(m.)*	**auto-banque** *(f.)*
autonomía *(f.)*	**autonomie** *(f.)*
autorización *(f.)*	**autorisation** *(f.)*
autorizado *(p. p.)*	**autorisé** *(a.)*
autorizar *(v. tr.)*	**autoriser** *(v.tr.)*
aval *(m.)*	**aval** *(m.)*
avalado *(p. p.)*	**avalisé** *(a.)*
avalar *(v. tr.)*	**avaliser** *(v. tr.)*
avalista *(m. y f.)*	**avaliste** *(m. et f.)*
avalúo *(m.)*	**estimation** *(f.)*
avance *(m.)*	**progression** *(f.)*
avenencia *(f.)*	**accord** *(m.)*
aventurado *(a.)*	**risqué** *(a.)*
aventurar *(v. tr.)*	**risquer** *(v. tr.)*
averiguar *(v. tr.e intr.)*	**rechercher** *(v. tr.)*
avisar *(v. tr.)*	**annoncer** *(v. tr.)*
aviso *(m.)*	**avis** *(m.)*
aviso de abono	*avis de crédit*
aviso de cobro	*avis d´encaissement*
aviso de crédito	*avis de crédit*
aviso de protesto	*notification de protêt*
ayuda *(f.)*	**aide** *(f.)*
ayudar *(v. tr.)*	**aider** *(v. tr.)*

baja

Español	Francés
baja *(f.)*	**baisse** *(f.)*
baja cotización	*baisse cotation*
baja de los precios	*chute des prix*
~en los tipos de interés	*baisse du taux d'intérêts*
bajar *(v. intr.y tr.)*	**baisser** *(v. tr.et intr.)*
bajar el tipo de interés	*baisser le taux d'intérêt*
bajar los costes	*baisser les coûts*
bajista *(m.)*	**baissier** *(m.)*
bajo par	**sous pair**
balance *(m.)*	**bilan** *(m.)*
balance anual	*bilan annuel*
balance comercial	*bilan commercial*
balance consolidado	*bilan consolidé*
balance de apertura	*bilan d'ouverture*
~de compensación	*bilan de compensation*
~de comprobación	*bilan de vérification*
balance de inventario	*bilan d'inventaire*
balance de liquidación	*bilan de liquidation*
balance de resultados	*bilan des résultats*
balance de saldos	*bilan de vérification*
balance de situación	*bilan de situation*
balance de sumas	*bilan de vérification*
balance de títulos	*bilan des titres*
balance estimado	*bilan estimé*
balance falseado	*bilan falsifié*
balance general	*bilan général*
balance provisional	*bilan provisoire*
banca *(f.)*	**banque** *(f.)*
banca central	*banque centrale*

banca con sucursales	*~avec des succursales*
banca delegada	*banque déléguée*
banca oficial	*banque officielle*
banca privada	*banque privée*
bancario *(a.)*	**bancaire** *(a.)*
bancarrota *(f.)*	**banqueroute** *(f.)*
banco *(m.)*	**banque** *(f.)*
banco aceptante	*banque acceptante*
banco agente	*banque agent*
banco asegurador	*banque d'assurances*
banco avisador	*banque notificatrice*
banco central	*banque centrale*
banco codirector	*banque codirectrice*
banco comercial	*banque commerciale*
banco confirmador	*banque confirmative*
banco corresponsal	*banque correspondante*
banco de comercio	*banque de commerce*
banco de crédito	*banque de crédit*
banco de depósito	*banque de dépôts*
banco de España	*banque d'Espagne*
banco del Estado	*banque nationale*
banco director	*banque directrice*
banco emisor	*banque d'émission*
banco extranjero	*banque étrangère*
banco industrial	*banque industrielle*
banco librador	*banque tireuse*
banco mundial	*banque mondiale*
banco nacional	*banque nationale*
banco oficial	*banque officielle*
banco participante	*banque participante*
banda de fluctuación	*bande d'oscillation*
bandas de oscilación	*bandes d'oscillation*
banquero *(m.)*	**banquier** *(m.)*

barato *(a.)*	**bon marché** *(a.)*
basar *(v. tr.)*	**baser** *(v. tr.)*
básico *(a.)*	**basique** *(a.)*
bastante *(a.)*	**suffisant** *(a.)*
bastantear *(v.intr.y tr.)*	**valider** *(v. tr.)*
bastanteo *(m.)*	**validation** *(f.)*
beneficiar *(v. tr.)*	**bénéficier** *(v. tr.)*
beneficiario *(a. y m.)*	**bénéficiaire** *(m. et a.)*
~de un cheque	*bénéficiaire d'un chèque*
~ de una transferencia	*bénéficiaire d'un virement*
beneficio *(m.)*	**bénéfice** *(m.)*
beneficio a corto plazo	*bénéfice à court terme*
beneficio bruto	*bénéfice brut*
beneficio contable	*bénéfice comptable*
beneficio de explotación	*bénéfice d'exploitation*
beneficio de inventario	*bénéfice d'inventaire*
beneficio de la empresa	*bénéfice de l'entreprise*
beneficio empresarial	*bénéfice patronal*
beneficio en libros	*bénéfice des registres*
beneficio extraordinario	*bénéfice extraordinaire*
~libre de impuestos	*bénéfice exonéré d'impôt*
beneficio neto	*bénéfice net*
beneficio social	*bénéfice social*
beneficios económicos	*bénéfices économiques*
beneficios netos	*bénéfices nets*
~no distribuidos	*bénéfices non distribués*
beneficios retenidos	*bénéfices retenus*
beneficioso *(a.)*	**avantageux** *(a.)*
beneplácito *(m.)*	**agrément** *(m.)*
benevolencia *(f.)*	**bienveillance** *(f.)*
benévolo *(a.)*	**bienveillant** *(a.)*
bianual *(a.)*	**bisannuel** *(a.)*
bien *(m.)*	**bien** *(m.)*

bien de consumo	*bien de consommation*
~de primera necesidad	*~de première nécessité*
bien de producción	*bien de production*
bienes *(m. pl.)*	**biens** *(m. pl.)*
bienes económicos	*biens économiques*
bienes industriales	*biens industriels*
bienes inmuebles	*biens immeubles*
bienes raíces	*biens - fonds*
bienestar *(m.)*	**bien-être** *(m.)*
billete *(m.)*	**billet** *(m.)*
billete de banco	*billet de banque*
~de banco nacional	*billet de banque nationale*
billete extranjero	*billet étranger*
billete falso	*faux billet*
bloquear *(v. tr.)*	**bloquer** *(v. tr.)*
bloquear un cheque	*bloquer un chèque*
bloqueo *(m.)*	**blocage** *(m.)*
bloqueo económico	*blocage économique*
boicot *(m.)*	**boycott** *(m.)*
boicotear *(v. tr.)*	**boycotter** *(v. tr.)*
boletín de bolsa	**bulletin boursier**
boletín de cambios	*bulletin de changes*
boletín de cotizaciones	*bulletin de cours*
bolsa *(f.)*	**bourse** *(f.)*
bolsa de cereales	*bourse des céréales*
bolsa de contratación	*bourse d'embauche*
bolsa de Nueva York	*bourse de New York*
bolsa de valores	*bourse de valeurs*
Bolsín *(m.)*	**Coulisse** *(f.)*
bolsista *(m.)*	**boursier** *(m.)*
bonificación *(f.)*	**bonification** *(f.)*
bonificar *(v. tr.)*	**bonifier** *(v. tr.)*
bono *(m.)*	**bon** *(a. et m.)*

bono a perpetuidad	*bon à perpétuité*
bono al portador	*bon au porteur*
bono con garantía	*bon sous garantie*
bono corriente	*bon courant*
bono de ahorro	*bon d'épargne*
bono de caja	*bon de caisse*
bono de Tesorería	*bon de Trésorerie*
bono del Tesoro	*bon du Trésor*
bono en dólares	*bon en dollar*
bono garantizado	*bon sous garantie*
bono hipotecario	*bon hypothécaire*
bono nominativo	*bon nominatif*
bono ordinario	*bon ordinaire*
bono perpetuo	*bon perpétuel*
bono público	*bon publique*
bono renovado	*bon renouvelé*
bono sin vencimiento	*bon perpétuel*
bonos basura	*bons ordures*
bonos cancelados	**bons annulés**
bonos convertibles	*bonds convertibles*
bonos de descuento	*bons de réduction*
bonos en circulación	*bons en circulation*
bonos extranjeros	*bonds extérieurs*
bonos no negociables	*bons non négociables*
bonos oro	*bons or*
boom *(m.)*	**boom** *(m.)*
boom de inversiones	*boom d'investissements*
borrado *(a.)*	**effacé** *(a.)*
borrador *(m.)*	**brouillon** *(m.)*
borrar *(v. tr.)*	**effacer** *(v.tr.)*
broker *(m.)*	**broker** *(m.)*
buena *(a.)*	**bonne** *(a.)*
bueno *(a.)*	**bon** *(a. et m.)*

bursátil *(a.)*	**boursier** *(m.)*
buscar *(v. tr.)*	**chercher** *(v. tr.et intr.)*

caballero

Español	Francés
caballero *(m.)*	**chevalier** *(m.)*
caducado *(a.)*	déchu *(a.)*
	périmé *(a.)*
caducar *(v. intr.)*	**périmer** *(v. intr.et tr.)*
caducidad *(f.)*	**caducité** *(f.)*
caída *(f.)*	**chute** *(f.)*
caída de la demanda	chute de la demande
caída de la libra	chute de la livre
caída de los precios	chute des prix
caída de una moneda	chute d'une monnaie
caída del franco	chute du franc
caja *(f.)*	**caisse** *(f.)*
caja de ahorros	caisse d'épargne
caja de alquiler	coffre-fort
caja de caudales	coffre-fort
caja de compensación	caisse de compensation
caja de gastos menores	petite caisse
caja de seguridad	coffre-fort
caja fuerte	coffre-fort
caja nocturna	boîte de nuit
caja y bancos	caisse et banques
cajero *(m.)*	**caissier** *(m.)*
cajero automático	caisse automatique
~de pagos y cobros	caissier *(m.)*
calculador *(a.)*	**calculateur** *(a.)*
calculadora *(f.)*	**calculatrice** *(f.)*
calcular *(v. tr.)*	**calculer** *(v. tr.et intr.)*
cálculo *(m.)*	**calcul** *(m.)*
cálculo de costes	calcul de coûts

cálculo de errores	*calcul d'erreurs*
~de probabilidades	*calcul de probabilités*
calendario *(m.)*	**calendrier** *(m.)*
calificar *(v. tr.)*	**qualifier** *(v. tr.)*
calle *(f.)*	**rue** *(f.)*
cámara *(f.)*	**chambre** *(f.)*
~de compensación	*~de compensation*
cámara acorazada	*chambre forte*
cambiable *(a.)*	**échangeable** *(a.)*
cambiar *(v. tr.)*	**changer** *(v. intr.et tr.)*
cambiar de orientación	*changer d'orientation*
cambiar dinero	*changer de l'argent*
	changement (m.)
cambio *(m.)*	*change (m.)*
	échange (m.)
cambio a la par	*change au pair*
cambio a la vista	*changement à vue*
cambio comprador	*cours d'achat*
cambio de actitud	*change d'attitude*
cambio de compra	*change d'achat*
cambio de divisa	*cours de devises*
cambio de domicilio	*changement de domicile*
cambio de fecha	*changement de date*
cambio de la coyuntura	*change de conjoncture*
cambio de liquidación	*change de liquidation*
cambio de moneda	*change de monnaie*
cambio de postura	*changement de position*
cambio de rescate	*change de rachat*
cambio de tendencia	*changement de tendance*
cambio de venta	*change de vente*
cambio del dólar	*change du dollar*
cambio del riesgo	*change du risque*
cambio fijo	*change à taux fixe*

cambio flotante	*change flottant*
cambio oficial	*cours officiel*
cambio vendedor	*cours de vente*
cambios radicales	*changements radicaux*
cambista *(m. y f.)*	**cambiste** *(m.et f.)*
campaña *(f.)*	**campagne** *(f.)*
campaña alcista	*campagne à la hausse*
campaña bajista	*campagne à la baisse*
canalización *(f.)*	**canalisation** *(f.)*
canalizar *(v. tr.)*	**canaliser** *(v. tr.)*
cancelable *(a.)*	**annulable** *(a.)*
cancelación *(f.)*	**annulation** *(f.)*
cancelación de deuda	*annulation de dette*
~de un contrato	*annulation d´un contrat*
cancelar *(v. tr.)*	**annuler** *(v. tr.)*
cancelar un crédito	*annuler un crédit*
cancelar una deuda	*régler une dette*
~una partida	*~ une partie comptable*
canje *(m.)*	**échange** *(m.)*
canjear *(v. tr.)*	**échanger** *(v.tr.)*
canon *(m.)*	**canon** *(m.)*
cantidad *(f.)*	**quantité** *(f.)*
cantidad adicional	*quantité additionnelle*
cantidad aproximada	*quantité approximative*
cantidad fija	*quantité fixe*
cantidad líquida	*somme liquide*
cantidad máxima	*quantité maximum*
cantidad media	*quantité moyenne*
cantidad mínima	*quantité minimum*
capacidad *(f.)*	**capacité** *(f.)*
capacidad financiera	*capacité financière*
capacitado *(a.)*	**capable** *(a.)*
capaz *(a.)*	**capable** *(a.)*

capital *(m.)*

capital a corto plazo

capital a largo plazo

capital amortizado

capital aportado

capital autorizado

capital circulante

capital circulante bruto

capital circulante neto

capital de explotación

~de funcionamiento

capital de inversión

capital de reserva

capital de riesgo

capital declarado

capital desembolsado

capital dinerario

capital disponible

capital e intereses

capital emitido

capital en riesgo

capital escriturado

capital estatutario

capital fijo

capital fundacional

capital humano

capital improductivo

capital inactivo

capital inicial

capital inmovilizado

capital inscrito

capital integrado

capital invertido

capital *(m.)*

capital à court terme

capital à long terme

capital amorti

capital apporté

capital autorisé

capital circulant

capital circulant brut

capital circulant net

capital d'exploitation

capital de fonctionnement

capital d'investissement

capital de réserves

capital - risque

capital déclaré

capital libéré

capital monnayé

capital disponible

intérêts et capital

capital émis

capital à risque

capital établi nominal

capital statutaire

capital fixe

capital fondationnel

capital humain

capital oisif

capital inactif

capital initial

capital immobilisé

capital inscrit

capital intégré

capital investi

capital liberado	*capital libéré*
capital líquido	*capital liquide*
capital lucrativo	*capital lucratif*
capital mobiliario	*capital mobilier*
capital muerto	*capital mort*
capital neto	*capital net*
capital nominal	*capital nominal*
capital ocioso	*capital oisif*
capital pasivo	*capital passif*
capital privado	*capital privé*
capital productivo	*capital productif*
capital propio	*capital propre*
capital reinvertido	*capital réinvesti*
capital social	*capital social*
capital suscrito	*capital souscrit*
capitalismo *(m.)*	**capitalisme** *(m.)*
capitalista *(m.y f.)*	**capitaliste** *(m. et f.)*
capitalización *(f.)*	**capitalisation** *(f.)*
~ de los intereses	*capitalisation des intérêts*
~de una renta	*capitalisation d´une rente*
capitalizado *(a.)*	**capitalisé** *(a.)*
capitalizar *(v. tr.)*	**capitaliser** *(v. tr.et intr.)*
captación *(f.)*	**captation** *(f.)*
carencia *(f.)*	**carence** *(f.)*
carestía *(f.)*	**pénurie** *(f.)*
carga *(f.)*	**charge** *(f.)*
carga de financiación	*charge de financement*
carga fiscal	*charge fiscale*
carga tributaria	*charge fiscale*
cargar *(v. tr.)*	**charger** *(v. tr.et intr.)*
cargar en cuenta	*débiter en compte*
cargar intereses	*débiter des intérêts*
cargas *(f. pl.)*	**charges** *(f.pl.)*

cargas deducibles	*charges déductibles*
cargas fijas	*charges fixes*
cargas financieras	*charges financières*
cargo *(m.)*	**débit** *(m.)*
cargo bancario	*débit bancaire*
carné *(m.)*	**carnet** *(m.)*
caro *(a.)*	**cher** *(a.)*
carta *(f.)*	**lettre** *(f.)*
carta certificada	*lettre recommandée*
carta circular	*lettre circulaire*
carta comercial	*lettre commerciale*
carta de crédito	**lettre de crédit**
~a la vista	*~à vue*
~comercial	*~commercial*
~confirmada	*~confirmée*
~documentaria	*~documentaire*
~general	*~général*
~irrevocable	*~irrévocable*
~no confirmada	*~non confirmé*
~renovable	*~renouvelable*
~revocable	*lettre de crédit révocable*
carta de depósito	*lettre de dépôt*
carta de embarque	*carte d'embarquement*
carta de garantía	*lettre de garantie*
carta de identidad	*carte d´identité*
carta de pago	*quittance*
carta de reclamación	*lettre de réclamation*
cartera *(f.)*	**portefeuille** *(m.)*
cartera de pedidos	*carnet de commandes*
cartera de valores	*portefeuille de valeurs*
cartilla *(f.)*	**livret** *(m.)*
cartilla de ahorros	*livret (m.)*
casa de cambio	**bureau de change**

casa de la moneda	hôtel de la monnaie
caso *(m.)*	cas *(m.)*
castigar *(v. tr.)*	punir *(v. tr.)*
casual *(a.)*	casuel *(a.)*
casualidad *(f.)*	causalité *(f.)*
catálogo *(m.)*	catalogue *(m.)*
categórico *(a.)*	catégorique *(a.)*
caución *(f.)*	caution *(f.)*
caución absoluta	*garantie intégrale*
caucionar *(v. tr.)*	cautionner *(v. tr.)*
caudal *(m.)*	fortune *(f.)*
caudales públicos	deniers publics
causa *(f.)*	cause *(f.)*
causar *(v. tr.)*	causer *(v.int.et tr.)*
cauto *(a.)*	prudent *(a.)*
ceca *(f.)*	hôtel de la monnaie
cedente *(p. a.y s.)*	cédant *(a. et s.)*
ceder *(v. tr. e int.)*	céder *(v. tr.et intr.)*
cedido *(p. p. ceder)*	cédé *(a.)*
cédula de identidad	carte d´identité
cédula de notificación	*acte de notification*
cédula del Tesoro	*certificat du Trésor*
celebrar *(v. tr.e intr.)*	célébrer *(v. tr.)*
censor de cuentas	
censor jurado de cuentas	commissaire aux comptes
cerrar *(v. tr.irreg.)*	fermer *(v. tr.et intr.)*
cerrar una cuenta	*fermer un compte*
certidumbre *(f.)*	certitude *(f.)*
certificación *(f.)*	certification *(f.)*
certificado *(m.)*	certificat *(m.)*
certificado de aduana	*certificat de douanes*
certificado de depósitos	*certificat de dépôt*
certificado de descarga	*~de déchargement*

certificado de despacho	certificat d'expédition
certificado de origen	certificat d'origine
certificado de peso	certificat de poids
certificado de seguro	certificat d'assurance
certificar (v. tr.)	**certifier** (v.tr.)
cesar (v. intr.)	**cesser** (v. intr.)
cesión (f.)	**cession** (f.)
cesión de acciones	cession d'actions
cesión de bienes	cession de biens
cesión de créditos	cession de créances
cesión de derechos	cession de droits
cesión de deudas	cession de dettes
cesión del riesgo	cession du risque
cesionario (a. y m.)	**cessionnaire** (a. et m.)
chantaje (m.)	**chantage** (m)
cheque (m.)	**chèque** (m.)
cheque a la orden	chèque à l'ordre
cheque al portador	chèque au porteur
cheque bancario	chèque bancaire
cheque caducado	chèque échu
cheque confirmado	chèque confirmé
cheque cruzado	chèque barré
cheque de viaje	chèque de voyage
cheque en blanco	chèque en blanc
cheque en descubierto	chèque non provisionné
cheque falsificado	faux chèque
cheque impagado	chèque impayé
cheque nominativo	chèque nominatif
cheque sin fondos	chèque sans provision
cheque sin provisión	chèque sans provision
cíclicamente (adv.)	**cycliquement** (adv.)
cíclico (a.)	**cyclique** (a.)
ciclo (m.)	**cycle** (m.)

ciclo económico	cycle économique
cierre *(m.)*	**clôture** *(f.)*
cierre de cuenta	clôture des comptes
cierre de ejercicio	clôture des comptes
cierre de los libros	clôture des livres
cierre de un balance	clôture d'un bilan
cierto *(a.)*	**certain** *(a.)*
cifra *(f.)*	**chiffre** *(m.)*
cifra de negocios	chiffre d'affaires
cifrado *(a. y p. p.)*	**chiffré** *(a.)*
cifrar *(v. tr.)*	**chiffrer** *(v. intr.et tr.)*
circulación *(f.)*	**circulation** *(f.)*
circulación de dinero	circulation d'argent
circulación de efectivo	circulation d'effectif
circulación económica	circulation économique
circulación fiduciaria	circulation fiduciaire
circulación monetaria	circulation monétaire
circulante *(a.)*	**circulant** *(a.)*
circular *(v. intr.y tr.)*	**circuler** *(v. intr.)*
círculo *(m.)*	**cercle** *(m.)*
círculos bancarios	cercles bancaires
círculos económicos	cercles économiques
circunstancia *(f.)*	**circonstance** *(f.)*
cita *(f.)*	**rendez - vous** *(m.)*
ciudad *(f.)*	**ville** *(f.)*
cívico *(a.)*	**civique** *(a.)*
civil *(a.)*	**civil** *(a.)*
clarificar *(v. tr.)*	**clarifier** *(v. tr.)*
clasificar *(v. tr.)*	**classifier** *(v. tr.)*
cláusula *(f.)*	**clause** *(f.)*
cláusula adicional	clause additionnelle
~de penalización	clause de pénalisation
cláusula de valuta	clause monétaire

cláusula monetaria	*clause monétaire*
clave *(f.)*	**clef** *(f.)*
clave telegráfica	*chiffre télégraphique*
clemencia *(f.)*	**clémence** *(f.)*
cliente *(m.)*	**client** *(m.)*
cliente extranjero	*client étranger*
cliente habitual	*client habituel*
clientela *(f.)*	**clientèle** *(f.)*
cobertura *(f.)*	**couverture** *(f.)*
cobertura bancaria	*couverture bancaire*
cobertura de cambio	*couverture de change*
cobrable *(a.)*	**percevable** *(a.)*
cobrado *(a.)*	**encaissé** *(a.)*
cobrador *(m.)*	**receveur** *(m.)*
cobranza *(f.)*	**recouvrement** *(m)*
cobrar *(v. tr.)*	**toucher** *(v. intr.et tr.)*
cobrar de más	*encaisser en trop*
cobrar un cheque	*toucher un chèque*
cobrar una letra	*~une lettre de change*
cobro *(m.)*	**encaissement** *(m.)*
cobro de cheques	*recouvrement de chèques*
codificación *(f.)*	**codification** *(f.)*
coeficiente *(m.)*	**coefficient** *(m.)*
coeficiente bancario	*coefficient bancaire*
coherencia *(f.)*	**cohérence** *(f.)*
coherente *(a.)*	**cohérent** *(a.)*
coincidente *(a.)*	**coïncident** *(a.)*
coincidir *(v. intr.)*	**coïncider** *(v. intr.)*
colaboración *(f.)*	**collaboration** *(f.)*
colaborador *(m.)*	**collaborateur** *(m.)*
colocación de capital	**placement de capital**
colocar *(v. tr.)*	**placer** *(v. tr.)*
colusión *(f.)*	**collusion** *(f.)*

colusor *(m.)*	complice *(m. et f.)*
colusorio *(a.)*	collusoire *(a.)*
comandita *(f.)*	commandite *(f.)*
comanditario *(a.)*	commanditaire *(a.)*
combatir *(v. intr.)*	combattre *(v. intr.et tr.)*
combativo *(a.)*	combatif *(a.)*
comentario *(m.)*	commentaire *(m.)*
comenzar *((v. tr.)*	commencer *(v.tr. et intr.)*
comercial *(a.)*	commercial *(a.)*
comercialización *(f.)*	commercialisation *(f.)*
comercializar *(v. tr.)*	commercialiser *(v. tr.)*
comerciante *(m. y f.)*	commerçant *(m.)*
~al por mayor	commerçant en gros
~al por menor	commerçant au détail
~de divisas	commerçant de devises
~de importación	~d'importation
comerciante exportador	commerçant d'exportation
comerciante individual	commerçant individuel
comerciar *(v. intr.)*	commercer *(v. intr.)*
comercio *(m.)*	commerce *(m.)*
comercio interior	commerce intérieur
comercio internacional	commerce international
comercio liberalizado	commerce libéralisé
comercio nacional	commerce national
cometer *(v. tr.)*	commettre *(v. tr.)*
cometer fraude	commettre une fraude
cometer un error	commettre une erreur
comienzo *(m.)*	commencement *(m.)*
comisión *(f.)*	commission *(f.)*
comisión bancaria	commission bancaire
comisión de apertura	commission d'ouverture
comisión de cobro	~d'encaissement
comisión de corretaje	commission de courtage

comisión de emisión	*commission d'émission*
comisión de pago	*commission de paiement*
~de pago diferido	*~ de paiement différé*
~de participación	*~de participation*
comisión económica	*commission économique*
comisionado *(a. y m.)*	**commissionné** *(a.et m.)*
comisionar *(v. tr.)*	**commissionner** *(v. tr.)*
comisiones bancarias	**commissions bancaires**
comisionista *(m. y f.)*	**commissionnaire** *(m.)*
comité *(m.)*	**comité** *(m.)*
comité consultivo	*comité consultatif*
comité de acreedores	*comité de créditeurs*
comité ejecutivo	*comité exécutif*
comitente *(m. y f.)*	**commettant** *(m.)*
compañía *(f.)*	**compagnie** *(f.)*
compañía anónima	*société anonyme*
comparación *(f.)*	**comparaison** *(f.)*
comparado *(a.)*	**comparé** *(a.)*
comparar *(v. tr.)*	**comparer** *(v. tr.)*
comparativo *(a.)*	**comparatif** *(a.)*
comparecer *(v. tr.)*	**comparaître** *(v.intr.)*
compatibilidad *(f.)*	**compatibilité** *(f.)*
compatible *(a.)*	**compatible** *(a.)*
compensación *(f.)*	**compensation** *(f.)*
~bancaria	*compensation bancaire*
compensado *(a.)*	**compensé** *(a.)*
compensar *(v. tr.)*	**compenser** *(v. tr.)*
compensatorio *(a.)*	**compensatoire** *(a.)*
competencia *(f.)*	**concurrence** *(f.)*
competencia desleal	*concurrence déloyale*
competente *(a.)*	**compétent** *(a.)*
competidor *(m.)*	**compétiteur** *(m.)*
competitivo *(a.)*	**compétitif** *(a.)*

complacer (v. tr.)	complaire (v. intr.)
complaciente (a.)	complaisant (a.)
complementario (a.)	complémentaire (a.)
completo (a.)	complet (a.)
complicar (v.tr.)	compliquer (v.tr.)
cómplice (m. y f.)	complice (m. et f.)
cómplice encubridor	complice receleur
cómplice instigador	complice instigateur
complicidad (f.)	complicité (f.)
componer (v. tr.)	arranger (v. tr.)
comportamiento (m.)	comportement (m.)
comportar (v.tr.e intr.)	comporter (v. tr.)
compra (f.)	achat (m.)
compra a plazos	achat à terme
compra al contado	achat au comptant
compra de divisas	achat de devises
compra ventajosa	achat avantageux
comprador (m.)	acheteur (m.)
comprador a plazo	acheteur à terme
comprador extranjero	acheteur étranger
comprador nacional	acheteur national
comprar (v. tr.)	acheter (v. tr.)
comprar a crédito	acheter à crédit
comprar a plazos	acheter à terme
comprar al contado	acheter au comptant
comprar barato	acheter bon marché
comprar caro	acheter à un prix élevé
comprar en firme	acheter ferme
compraventa	contrat d´achat et de vente
comprobación (f.)	vérification (f.)
comprobante (m.)	ticket (m.)
comprobar (v. tr.)	vérifier (v. tr.)
compromiso (m.)	engagement (m.)

compulsar *(v. tr.)*	compulser *(v. tr.)*
computador *(m.)*	ordinateur *(m.)*
computadora *(f.)*	
computar *(v. tr.)*	computer *(v. tr.)*
cómputo *(m.)*	comput *(m.)*
común *(a.)*	commun *(a.)*
comunicación *(f.)*	communication *(f.)*
	notification *(f.)*
comunicación de cobro	notification d'encaissement
comunicación de pago	notification de paiement
comunicar *(v. tr.)*	communiquer *(v.tr.et intr)*
conceder *(v. tr.)*	concéder *(v. tr.)*
conceder un crédito	accorder un crédit
conceder un descuento	concéder un escompte
conceder un préstamo	consentir un prêt
conceder una prórroga	concéder une prorogation
concedido *(a.)*	accordé *(a.)*
concepción *(f.)*	conception *(f.)*
concepto *(m.)*	concept *(m.)*
concerniente *(p. a.)*	concernant *(a.)*
concernir *(v. intr.)*	concerner *(v. tr.)*
concertado *(p. p.)*	concerté *(a.)*
concertar *(v.irreg.)*	concerter *(v.t et intr.)*
concesión *(f.)*	concession *(f.)*
concesión de un crédito	concession d'un crédit
concesionario *(m.)*	concessionnaire *(m.)*
concierto económico	convention économique
conciliación de bancos	conciliation de banques
conciliación de cuentas	rapprochement de comptes
concluir *(v. tr.)*	conclure *(v. tr.)*
conclusión *(f.)*	conclusion *(f.)*
concordia *(f.)*	concorde *(f.)*
concurrencia *(f.)*	concurrence *(f.)*

condición *(f.)*	condition *(f.)*
condicionado *(a.)*	conditionné *(a.)*
condicional *(a.)*	conditionnel *(a.)*
condiciones *(f. pl.)*	conditions *(f.pl.)*
~de aceptación	conditions d'acceptation
~de la póliza	conditions de la police
~de pago	conditions de paiement
~de seguro	conditions d'assurance
~de un préstamo	conditions d'un prêt
condonación *(f.)*	**remise d´une dette**
condonar *(v. tr.)*	**pardonner** *(v. tr.)*
conducta *(f.)*	**conduite** *(f.)*
conectar *(v. tr.)*	**connecter** *(v. tr.)*
conferencia *(f.)*	**conférence** *(f.)*
conferenciante *(m.)*	**conférencier** *(m.)*
conferir *(v. tr.e intr.)*	**conférer** *(v. intr.et tr.)*
confiado *(a.)*	**confiant** *(a.)*
confianza *(f.)*	**confiance** *(f.)*
	avoir confiance
confiar *(v. intr.y tr.)*	confier *(v. tr.)*
confidencial *(a.)*	**confidentiel** *(a.)*
confirmación *(f.)*	**confirmation** *(f.)*
confirmado *(a.)*	**confirmé** *(a.)*
confirmar *(v. tr.)*	**confirmer** *(v. tr.)*
confirmatorio *(a.)*	**confirmatoire** *(a.)*
conflicto *(m.)*	**conflit** *(m.)*
conflicto laboral	conflit social
conformar *(v.tr.e intr.)*	**conformer** *(v. tr.)*
conforme *(a.)*	**conforme** *(a.)*
conformidad *(f.)*	**conformité** *(f.)*
confrontación *(f.)*	**confrontation** *(f.)*
congelación *(f.)*	**congélation** *(f.)*
~de cambios	congélation des changes

congelado *(a.)*	congelé *(a.)*
congelar *(v. tr.)*	congeler *(v. tr.)*
conjuntamente *(adv.)*	conjointement *(adv.)*
conocedor *(a. y m.)*	connaisseur *(m. et a.)*
conocer *(v. tr.)*	connaître *(v. tr.)*
conocimiento *(m.)*	connaissance *(f.)*
~de embarque	connaissement maritime
conquista *(f.)*	conquête *(f.)*
conquistar *(v. tr.)*	conquérir *(v. tr.)*
consecuencia *(f.)*	conséquence *(f.)*
consecuente *(a.)*	conséquent *(a.)*
consecuentemente	conséquemment *(adv.)*
conseguir *(v. tr.)*	obtenir *(v. tr.)*
conseguir crédito	obtenir un crédit
conseguir un crédito	obtenir un crédit
conseguir un prestamo	obtenir un prêt
consejero *(m.)*	conseiller *(m.)*
consenso *(m.)*	consentement *(m.)*
consentimiento *(m.)*	consentement *(m.)*
consentimiento paterno	consentement paternel
consentir *(v. tr.)*	consentir *(v. tr.et intr.)*
conservador *(a. y m.)*	conservateur *(a. et m.)*
conservar *(v. tr.)*	conserver *(v. tr.)*
considerable *(a.)*	considérable *(a.)*
consideración *(f.)*	considération *(f.)*
considerar *(v. tr.)*	considérer *(v. tr.)*
consistencia *(f.)*	consistance *(f.)*
consolidación *(f.)*	consolidation *(f.)*
~de balances	consolidation de bilans
~de una deuda	consolidation d´une dette
consolidado *(p. p.)*	consolidé *(a.)*
consolidar *(v. tr.)*	consolider *(v. tr.)*
consorcio *(m.)*	consortium *(m.)*

consorcio de bancos	*consortium bancaire*
~de financiación	*~de financement*
constante *(a .)*	**constant** *(a.et s.)*
constar *(v. tr.)*	**figurer** *(v. intr.et tr.)*
constatación *(f.)*	**constatation** *(f.)*
constituido *(a.,p. p.)*	**constitué** *(a.)*
constituir *(v. tr.)*	**constituer** *(v. tr.)*
constituir un depósito	*constituer un dépôt*
constituir una hipoteca	*~une hypothèque*
constituir una sociedad	*constituer une société*
constitutivo *(a.)*	**constitutif** *(a.)*
consulta *(f.)*	**consultation** *(f.)*
consultar *(v. tr.)*	**consulter** *(v. intr.et tr.)*
consultivo *(a.)*	**consultatif** *(a.)*
consultor *(m.)*	**consultant** *(m.)*
consumidor *(m.)*	**consommateur** *(m.)*
consumo *(m.)*	**consommation** *(f.)*
consumo privado	*consommation privée*
contabilidad *(f.)*	**comptabilité** *(f.)*
contabilidad financiera	*comptabilité financière*
contabilización *(f.)*	**comptabilisation** *(f.)*
contabilizar *(v. tr.)*	**comptabiliser** *(v.tr.)*
contable *(m. y f.)*	**comptable** *(m. et f.)*
contado *(a.)*	**comptant** *(a.)*
contaduría *(f.)*	**comptabilité** *(f.)*
contar *(v. tr.)*	**compter** *(v. intr.et tr.)*
contención *(f.)*	**contention** *(f.)*
contestación *(f.)*	**réponse** *(f.)*
contingente *(m.)*	**contingent** *(m.)*
contingente de divisas	*contingent de devises*
continuación *(f.)*	**continuation** *(f.)*
continuado *(a.)*	**continu** *(a.)*
continuar *(v. tr. e intr.)*	**continuer** *(v. intr.et tr.)*

continuidad (f.)	continuité (f.)
continuo (a.)	continu (a.)
contracción (f.)	contraction (f.)
contractual (a.)	contractuel (a.)
contradecir (v. tr.)	contredire (v. tr.)
contradicción (f.)	contradiction (f.)
contradictorio (a.)	contradictoire (a.)
contraer (v. tr.)	contracter (v. tr.)
contraer deudas	contracter des dettes
contraer obligaciones	contracter des obligations
contraoferta (f.)	contre-offre (f.)
contraorden (f.)	contre-ordre (f.)
contrapartida (f.)	contrepartie (f.)
contraprestación (f.)	contre-prestation (f.)
contratación (f.)	embauche (m.)
contratante (a,m. y f.)	contractant (a. et m.)
contratar (v. tr.)	engager (v. tr.)
contratiempo (m.)	contretemps (m.)
contrato (m.)	contrat (m.)
contrato a plazo	contrat à terme
contrato atípico	contrat atypique
~de compra venta	contrat de vente
contrato de crédito	contrat de crédit
contrato de permuta	contrat d'échange
contrato de préstamo	contrat de prêt
contrato de venta	contrat de vente
contrato firme	contrat ferme
contrato mercantil	contrat commercial
contravalor (m.)	contre-valeur (f.)
contravención (f.)	contravention (f.)
contribuir (v. tr.irreg.)	contribuer (v. tr.)
contributivo (a.)	contributif (a.)
control (m.)	contrôle (m.)

control crediticio	contrôle du crédit
control de cambios	contrôle des changes
control de divisas	contrôle des devises
controlado *(a.)*	**contrôlé** *(a.)*
controlar *(v. tr.)*	**contrôler** *(v. tr.)*
controlar los cobros	contrôler l'encaissement
controvertible *(a.)*	**contestable** *(a.)*
convencer *(v. tr.)*	**convaincre** *(v. tr.)*
convencimiento *(m.)*	**conviction** *(f.)*
convención *(f.)*	**convention** *(f.)*
convencional *(a.)*	**conventionnel** *(a.)*
convenido *(a.)*	**convenu** *(a.)*
conveniencia *(f.)*	**convenance** *(f.)*
conveniente *(a.)*	**convenable** *(a.)*
convenientemente	**convenablement** *(adv.)*
convenio *(m.)*	convention *(f.)*
	accord *(m.)*
convenio bilateral	accord bilatéral
convenio de acreedores	convention des créanciers
convenio de pago	contrat de paiement
convenio financiero	accord financier
convenir *(v. intr.)*	**convenir** *(v. intr.)*
conversación *(f.)*	**conversation** *(f.)*
conversar *(v. intr.)*	**converser** *(v. intr.)*
conversión *(f.)*	**conversion** *(f.)*
convertibilidad *(f.)*	**convertibilité** *(f.)*
convertibilidad externa	convertibilité externe
convertibilidad ilimitada	convertibilité illimitée
convertibilidad interna	convertibilité interne
convertibilidad limitada	convertibilité limitée
convertible *(a.)*	**convertible** *(a.)*
convertir *(v. tr.)*	**convertir** *(v. tr.)*
convicción *(f.)*	**conviction** *(f.)*

convincente *(a.)*	probant *(a.)*
	convaincant *(a.)*
convocar *(v. tr.)*	convoquer *(v. tr.)*
convocatoria *(f.)*	convocation *(f.)*
cooperación *(f.)*	coopération *(f.)*
cooperativo *(a.)*	coopératif *(a.)*
coordinación *(f.)*	coordination *(f.)*
coordinado *(a.)*	coordonné *(a.)*
coordinador *(a.)*	coordinateur *(a.)*
coordinar *(v. tr.)*	coordonner *(v. tr.)*
coparticipación *(f.)*	coparticipation *(f.)*
copartícipe *(m. y f.)*	coparticipant *(m.)*
copia *(f.)*	copie *(f.)*
copiar *(v. tr.)*	copier *(v. tr.)*
corrección *(f.)*	correction *(f.)*
correcto *(a.)*	correct *(a.)*
corredor *(a. y m.)*	agent *(a. et s.)*
corredor de bolsa	*agent de change*
corredor de cambio	*agent de change*
corredor de comercio	*agent commercial*
corredor de seguros	*agent d'assurances*
corregido *(a.)*	corrigé *(a.)*
corregir *(v. tr.)*	corriger *(v. tr.)*
correlación *(f.)*	corrélation *(f.)*
correo *(m.)*	courrier *(m.)*
correspondencia *(f.)*	correspondance *(f.)*
~comercial	*~commerciale*
corresponder *(v. intr.)*	correspondre *(v. intr.)*
corresponsal *(m.)*	correspondance *(f.)*
corresponsal bancario	*correspondant bancaire*
corresponsalía *(f.)*	correspondant *(m.)*
corretaje *(m.)*	commission *(f.)*
corriente *(a.)*	courant *(a.)*

corro *parquet (m.)*	**cercle** *(m.)*
corro bancario	*compartiment bancaire*
corroborar *(v. tr.)*	**corroborer** *(v. tr.)*
cortapisa *(f.)*	**condition** *(f.)*
corto *(a.)*	**court** *(a.)*
coste *(m.)*	**coût** *(m.)*
coste de adquisición	*coût d'acquisition*
coste de compra	*coût d'achat*
costes *(m. pl.)*	**coûts** *(m.pl.)*
costo *(m.)*	**coût** *(m.)*
costo actual	*coût actuel*
costumbre *(f.)*	**coutume** *(f.)*
cotejar *(v. tr.)*	**confronter** *(v. tr.)*
cotejo *(m.)*	**comparaison** *(f.)*
cotizable *(a.)*	**cotisable** *(a.)*
cotización *(f.)*	**cote** *(f.)*
~de las acciones	*cours des actions*
~de los cambios	*cours des changes*
cotización del día	*cours du jour*
cotización del dólar	*cours du dollar*
cotización en firme	*cours ferme*
cotización oficial	*cours officiel*
cotizado *(a.)*	**cotisé** *(a.)*
cotizar *(v. tr.)*	**cotiser** *(v. intr.et tr.)*
cotizar precios	*cotiser des prix*
coyuntura *(f.)*	**conjoncture** *(f.)*
coyuntura alcista	*conjoncture à la hausse*
coyuntura ascendente	
coyuntura bajista	*conjoncture à la baisse*
coyuntura descendente	
coyuntura económica	*conjoncture économique*
coyuntural *(a.)*	**conjoncturel** *(a.)*
crack *(m.)*	**krach** *(m.)*

crear *(v. tr.)*	**créer** *(v. tr.)*
crecer *(v. intr.)*	**croître** *(v. intr.)*
crecimiento económico	**croissance économique**
credibilidad *(f.)*	**crédibilité** *(f.)*
crédito *(m.)*	**crédit** *(m.)*
crédito a corto plazo	*crédit à court terme*
crédito a la exportación	*crédit à l´exportation*
crédito a la industria	*crédit à l'industrie*
crédito a largo plazo	*crédit à long terme*
crédito a medio plazo	*crédit à moyen terme*
crédito abierto	*crédit ouvert*
crédito agrícola	*crédit agricole*
crédito al consumidor	*crédit au consommateur*
crédito bancario	*crédit bancaire*
crédito cerrado	*crédit fermé*
crédito comercial	*crédit commercial*
crédito compensado	*crédit compensé*
crédito con garantía	*crédit avec garantie*
~con garantía real	*crédit avec garantie réelle*
crédito conformado	*crédit confirmé*
crédito de aceptación	*crédit d´acceptation*
~de comercio exterior	*~de commerce extérieur*
crédito de descuento	*crédit d´escompte*
crédito de exportación	*crédit à l´exportation*
crédito de garantía real	*crédit avec garantie réelle*
crédito de producción	*crédit de production*
crédito divisible	*crédit divisible*
crédito documentario	*crédit documentaire*
crédito en blanco	*crédit en blanc*
~en cuenta corriente	*crédit en compte*
crédito en descubierto	*crédit à découvert*
crédito en divisas	*crédit en devises*
crédito en efectivo	*crédit effectif*

crédito estatal	crédit officiel
crédito extranjero	crédit étranger
crédito fallido	crédit failli
crédito global	crédit global
crédito hipotecario	crédit hypothécaire
crédito ilimitado	crédit illimité
crédito industrial	crédit industriel
crédito inmobiliario	crédit foncier
crédito irrevocable	crédit irrévocable
crédito negociable	crédit négociable
crédito no confirmado	crédit non confirmé
crédito oficial	crédit officiel
crédito personal	crédit personnel
crédito pignoraticio	crédit pignoratif
crédito preferencial	crédit de préférence
crédito prescrito	crédit échu
crédito real	crédit réel
crédito renovable	crédit rénovable
crédito revocable	crédit révocable
crédito revolving	crédit revolving
crédito rotativo	crédit rotatif
crédito rotatorio	crédit revolving
crédito simple	crédit simple
crédito subsidiario	crédit subsidiaire
crédito transferible	crédit transférable
crédito vencido	crédit échu
créditos hipotecarios	crédits hypothécaires
créditos incobrables	crédits irrécouvrables
creer (v. tr.)	**croire** (v.tr. et intr.)
crisis (f.)	**crise** (f.)
crisis económica	crise économique
crisis financiera	crise financière
crisis monetaria	crise monétaire

criterio (m.)	critère (m.)
crítico (a.)	critique (a.)
cruzado (a.)	barré (a.)
cruzamiento (m.)	croisement (m.)
cruzar (v. tr.)	croiser (v.intr. et tr.)
cuadrar (v. tr.)	cadrer (v. tr. et intr.)
cuadrar una cuenta	ajuster un compte
cuantía (f.)	montant (m.)
cuantioso (a.)	considérable (a.)
cubierto (a.)	couvert (a.)
cubrir (v. tr.)	couvrir (v. tr.)
cubrir la demanda	couvrir la demande
cuenta (f.)	compte (m.)
cuenta a cobrar	compte à percevoir
cuenta a pagar	compte à payer
cuenta a plazo	compte à terme
cuenta abierta	compte ouvert
cuenta acreedora	compte créditeur
cuenta auxiliar	compte auxiliaire
cuenta bancaria	compte bancaire
cuenta bloqueada	compte bloqué
cuenta cerrada	compte fermé
cuenta cierre	compte de clôture
cuenta común	compte commun
cuenta conjunta	compte joint
cuenta corriente	compte courant
cuenta de ahorro	compte d'épargne
cuenta de balance	compte de bilan
cuenta de caja	compte de caisse
cuenta de capital	compte de capital
cuenta de compensación	compte de compensation
cuenta de crédito	compte de crédit
cuenta de depósito	compte de dépôt

cuenta de gastos	compte de dépenses
cuenta de ingreso	compte de revenus
cuenta de inventario	compte d'inventaire
cuenta de mayor	compte du grand livre
cuenta de negocios	compte de négoces
cuenta de orden	compte d'ordre
cuenta de pagos	compte de paiement
cuenta de préstamo	compte de prêt
cuenta de resaca	compte de retour
cuenta de reserva	compte de réserves
cuenta de varios	compte de divers
cuenta del balance	compte du bilan
cuenta deudora	compte débiteur
~ en moneda extranjera	compte en devises
cuenta especial	compte spécial
cuenta garantizada	compte garantie
cuenta inactiva	compte inactif
cuenta individual	compte individuel
cuenta mancomunada	compte en commun
cuenta morosa	compte retardataire
cuenta nominal	compte nominal
cuenta nueva	compte nouveau
cuenta numerada	compte numéroté
cuenta particular	compte privé
cuenta pendiente	compte en attente
cuenta personal	compte personnel
cuenta saldada	compte soldé
cuenta sin garantía	compte sans garanties
cuenta sin movimientos	compte sans mouvements
cuenta vencida	compte échu
cuentas a plazo	comptes à terme
cuentas bancarias	comptes bancaires
cuentas de pasivo	comptes de passif

cuentas de residentes	*comptes de résidents*
cuentas incobrables	*comptes intouchables*
cuentas personales	*comptes personnels*
cuestión *(f.)*	**question** *(f.)*
cuestionario *(m.)*	**questionnaire** *(m.)*
cuidado *(m.)*	**soin** *(m.)*
cuidadosamente *(adv.)*	**soigneusement** *(adv.)*
cuidadoso *(a.)*	**soigneux** *(a.)*
cuidar *(v. tr.)*	**soigner** *(v. tr.)*
cumplido *(a.)*	**accompli** *(a.)*
cumplidor *(a.)*	**sérieux** *(a.et s.)*
cumplimiento *(m.)*	**accomplissement** *(m.)*
cumplir *(v. tr.)*	**accomplir** *(v. tr.)*
cuota *(f.)*	**cotisation** *(f.)*
cuota de suscripción	*frais d'abonnement*
cupón *(m.)*	**coupon** *(m.)*
cupón de dividendo	*coupon de dividende*
cupón de intereses	*coupon des intérêts*
cupón de renta fija	*coupon de revenu fixe*
custodia *(f.)*	**garde** *(f.)*
custodiar *(v. tr.)*	**garder** *(v. tr.)*

dador

Español	Francés
dador *(a. y m.)*	**porteur** *(m. et a.)*
dañar *(v. tr.)*	**endommager** *(v. tr.)*
dar *(v. tr.)*	**donner** *(v. tr.et intr.)*
dar fe	*certifier*
dar su aprobación	*donner son approbation*
datos *(m. pl.)*	**données** *(f. pl.)*
datos personales	*données personnelles*
debatir *(v. tr.)*	**débattre** *(v. tr.)*
debe *(m.)*	**débit** *(m.)*
deber *(m.)*	**devoir** *(m.)*
debido *(p. p.)*	**dû** *(a.)*
debilidad *(f.)*	**faiblesse** *(f.)*
debilitar *(v. tr.)*	**débiliter** *(v. tr.)*
débito *(m.)*	**débit** *(m.)*
decaer *(v. intr.)*	**déchoir** *(v. intr.)*
decaído *(a.)*	**déchu** *(a.)*
decidir *(v. tr.)*	**décider** *(v. tr.)*
decir *(v. tr.)*	**dire** *(v. tr.)*
decisión *(f.)*	**décision** *(f.)*
decisivo *(a.)*	**décisif** *(a.)*
decisorio *(a.)*	**décisoire** *(a.)*
declaración *(f.)*	**déclaration** *(f.)*
declaración de bienes	*déclaration de biens*
declive *(m.)*	**pente** *(f.)*
decreciente *(a.)*	**décroissant** *(a.)*
deducción *(f.)*	**déduction** *(f.)*
deducción de gastos	*déduction de frais*
deducible *(a.)*	**déductible** *(a.)*
deducido *(a.)*	**déduit** *(a.)*

deducir *(v. tr.)*	**déduire** *(v. tr.)*
defecto *(m.)*	**défaut** *(m.)*
defectuoso *(a.)*	**défectueux** *(a.)*
deficiencia *(f.)*	**déficience** *(f.)*
déficit *(m.)*	**déficit** *(m.)*
déficit financiero	*déficit financier*
deficitaria *(a.)*	**déficitaire** *(a.)*
definido *(a.)*	**défini** *(a.)*
definir *(v. tr.)*	**définir** *(v. tr.)*
defraudación *(f.)*	**fraude** *(f.)*
defraudador *(m.)*	**fraudeur** *(m.)*
defraudar *(v. tr.)*	**frauder** *(v. intr. et tr.)*
dejar *(v. tr.e intr.)*	**laisser** *(v. tr.)*
dejar en prenda	*déposer en gage*
dejar sin efecto	*laisser sans effet*
delegación *(f.)*	**délégation** *(f.)*
delegado *(a y m.)*	**délégué** *(a.et m.)*
delegar *(v. tr.)*	**déléguer** *(v. tr.)*
delimitar *(v. tr.)*	**délimiter** *(v. tr.)*
delito *(m.)*	**délit** *(m.)*
demanda *(f.)*	**demande** *(f.)*
demanda crediticia	*demande de crédit*
demanda de pago	*demande de paiement*
demandado *(m.)*	**demandé** *(s.)*
demandar *(v. tr.)*	**demander** *(v. tr.)*
demora *(f.)*	**retard** *(m.)*
demorar *(v. tr.e intr.)*	**retarder** *(v.intr.et tr.)*
denegar *(v. tr.)*	**débouter** *(v. tr.)*
denominación *(f.)*	**dénomination** *(f.)*
dentro *(adv.)*	**dans** *(adv.)*
departamento *(m.)*	**département** *(m.)*
~de ahorros	*~d'épargnes*
~de cobros	*~ de recouvrements*

~ de contabilidad	~de comptabilité
~de crédito	~de crédit
~de divisas	~de devises
~ de moneda extranjera	~ de monnaie étrangère
~de personal	~du personnel
~extranjero	~étranger
~financiero	~financier
depauperación *(f.)*	**appauvrissement** *(m.)*
depositado *(a.)*	**déposé** *(a.)*
depositante *(a. y s.)*	**déposant** *(a. et s.)*
depositar *(v. tr.)*	**déposer** *(v. tr.et intr.)*
depositar en el banco	déposer en banque
depositar una fianza	déposer un cautionnement
depositario *(m.)*	**dépositaire** *(s.)*
depósito *(m.)*	**dépôt** *(m.)*
depósito a corto plazo	dépôt à court terme
depósito a la vista	dépôt à vue
depósito a la vista	dépôt à vue
depósito a largo plazo	dépôt a long terme
depósito a medio plazo	dépôt à moyen terme
depósito a plazo	dépôt à terme
depósito afianzado	dépôt de garantie
depósito de ahorro	dépôt d'épargne
deposito efectivo	dépôt effectif
depreciación *(f.)*	**dépréciation** *(f.)*
depreciación acelerada	dépréciation accélérée
depreciada *(a.)*	**dépréciée** *(a.)*
depreciar *(v. tr.)*	**déprécier** *(v. tr.)*
depresión *(f.)*	**dépression** *(f.)*
derecho al voto	**droit de vote**
derecho de suscripción	droit de souscription
derecho de veto	droit de véto
derecho de voto	droit de vote

derrochador *(m.)*	gaspilleur *(m.)*
derrochar *(v. tr.)*	gaspiller *(v. intr.)*
derroche *(m.)*	gaspillage *(m.)*
derrotar *(v. tr.)*	battre *(v. intr.et tr.)*
derrumbamiento *(m.)*	écroulement *(m.)*
desacreditar *(v. tr.)*	discréditer *(v. tr.)*
desacuerdo *(m.)*	désaccord *(m.)*
desafuero *(m.)*	atteinte *(f.)*
desajuste *(m.)*	désajustement *(m.)*
desamortización *(f.)*	désamortissement *(m.)*
desamortizar *(v. tr.)*	désamortir *(v. tr.)*
desanimado *(a.)*	découragé *(a.)*
desanimar *(v. tr.)*	décourager *(v. tr.)*
desánimo *(m.)*	découragement *(m.)*
desaprobación *(f.)*	désapprobation *(f.)*
desaprobar *(v. tr.)*	désapprouver *(v. tr.)*
desarrollado *(a.)*	développé *(a.)*
desarrollar *(v. tr.)*	développer *(v. tr.)*
desarrollo *(m.)*	développement *(m.)*
desarrollo económico	*~économique*
desautorizar *(v. tr.)*	désavouer *(v. tr.)*
desavenencia *(f.)*	désaccord *(m.)*
desbloquear *(v. tr.)*	débloquer *(v. tr.et intr.)*
~una cuenta	*débloquer un compte*
desbloqueo *(m.)*	déblocage *(m.)*
desbordar *(v. intr.)*	déborder *(v. intr.)*
descapitalizado *(a.)*	décapitalisé *(a.)*
descender *(v.intr.y tr.)*	descendre *(v. intr.)*
descenso de precios	réduction des prix
descentralización *(f.)*	décentralisation *(f.)*
descongestión *(f.)*	décentralisation *(f.)*
desconocido *(a.)*	inconnu *(a.)*
desconsideración *(f.)*	déconsidération *(f.)*

descontada *(a.)*	**escomptée** *(a.)*
descontar *(v. tr.)*	**escompter** *(v. tr.)*
descontar una letra	*~ une lettre de change*
descrédito *(m.)*	**discrédit** *(m.)*
descubierto *(m.)*	**découvert** *(m.)*
descuento *(m.)*	**escompte** *(m.)*
descuento bancario	*escompte* *(m.)*
descuento comercial	*escompte commercial*
deseable *(a.)*	**désirable** *(a.)*
desear *(v. tr.)*	**désirer** *(v. tr.)*
desembolsada *(a.)*	**déboursée** *(a.)*
desembolsar *(v. tr.)*	**débourser** *(v. tr.)*
desembolsar dinero	*débourser de l'argent*
	déboursé *(a.)*
desembolso *(m.)*	*versement* *(m.)*
deseo *(m.)*	**désir** *(m.)*
desfalcar *(v. tr.)*	**défalquer** *(v. tr.)*
desfalco *(m.)*	**détournement** *(m.)*
desfavorable *(a.)*	**défavorable** *(a.)*
desglosar *(v. tr.)*	**disjoindre** *(v. tr.)*
desglose *(m.)*	**disjonction** *(f.)*
desglose de los gastos	*disjonction des frais*
deshacer *(v. tr.)*	**défaire** *(v. tr.)*
desinversión *(f.)*	**désinvestissement** *(m.)*
desmentido *(m.)*	**démenti** *(m.)*
desmonetización *(f.)*	**démonétisation** *(f.)*
despacho *(m.)*	**expédition** *(f.)*
despilfarrar *(v. tr.)*	**gaspiller** *(v. intr.)*
despilfarro *(m.)*	**gaspillage** *(m.)*
después *(adv.)*	**après** *(adv.)*
destinar *(v. tr.)*	**destiner** *(v. tr.)*
destitución *(f.)*	**destitution** *(f.)*
desventaja *(f.)*	**désavantage** *(m.)*

desventajoso *(a.)*	**désavantageux** *(a.)*
detallado *(a.)*	**détaillé** *(a.)*
detallar *(v. tr.)*	**détailler** *(v. tr.)*
detener *(v. tr.)*	**arrêter** *(v. tr.et intr.)*
determinar *(v. tr.)*	**déterminer** *(v. tr.)*
deuda *(f.)*	**dette** *(f.)*
deuda a corto plazo	*dette à court terme*
deuda a largo plazo	*dette à long terme*
deuda a plazo	*dette à terme*
deuda amortizable	*dette amortissable*
deuda bruta	*dette brute*
deuda consolidada	*dette consolidée*
deuda de la sociedad	*dette de la société*
~en moneda extrajera	*dette en devises*
deuda exigible	*dette exigible*
deuda exterior	*dette extérieure*
deuda incobrable	*dette irrécouvrable*
deuda neta	*dette nette*
deuda pública	*dette publique*
deudas *(f. pl.)*	**dettes** *(f. pl.)*
deudor *(m.)*	**débiteur** *(m.)*
deudor común	*débiteur commun*
deudor moroso	*débiteur mis en demeure*
deudor principal	*débiteur principal*
devaluación *(f.)*	**dévaluation** *(f.)*
devaluado *(a.)*	**dévalué** *(a.)*
devaluar *(v. tr.)*	**dévaluer** *(v. intr.et tr.)*
devengado *(a.)*	**échu** *(a.)*
devengar *(v. tr.)*	**rapporter** *(v.tr.et intr.)*
devengar intereses	*rapporter des intérêts*
devolución *(f.)*	**rendu** *(m.)*
devoluciones *(f. pl.)*	**rendus** *(m. pl.)*
~de clientes	*rendus des clients*

devolver *(v. tr.)*	rendre *(v. tr.et intr.)* restituer *(v. tr.)*
devuelto *(a.)*	retourné *(a.)*
día *(m.)*	jour *(m.)*
día de liquidación	*jour de liquidation*
día de pago	*jour de paiement*
día de vencimiento	*jour d'échéance*
día del pago	*jour du paiement*
día hábil	*jour ouvrable*
día inhábil	*jour non ouvrable*
diagnosticar *(v. tr.)*	diagnostiquer *(v. tr.)*
diagnóstico *(m.)*	diagnostique *(m.)*
dictamen *(m.)*	consultation *(f.)*
dictaminar *(v. intr.)*	informer *(v. tr.et intr.)*
diferencia *(f.)*	différence *(f.)*
diferencia de precio	*différence de prix*
diferenciación *(f.)*	différenciation *(f.)*
diferencial *(a.y m.)*	différentiel *(a.et m.)*
diferencial bancario	*différentiel bancaire*
diferente *(a.)*	différent *(a.)*
diferido *(p. p.)*	différé *(a.)*
dificultar *(v. tr.)*	compliquer *(v.tr.)*
dígito *(m.)*	digit *(m.)*
dilapidación *(f.)*	dilapidation *(f.)*
dilapidar *(v. tr.)*	dilapider *(v. tr.)*
diligencia *(f.)*	démarche *(f.)*
diligente *(a.)*	diligent *(a.)*
dinámico *(a.)*	dynamique *(f. et a.)*
dinero *(m.)*	argent *(m.)*
dinero a corto plazo	*argent à court terme*
dinero a la vista	*argent à vue*
dinero a largo plazo	*argent à long terme*
dinero a plazo fijo	*argent à terme*

dinero bancario	*argent bancaire*
dinero convertible	*argent convertible*
dinero disponible	*argent disponible*
dinero efectivo	*espèces*
dinero en circulación	*argent en circulation*
dinero en cuenta	*argent en compte*
dinero en depósito	*argent en dépôt*
dinero extranjero	*argent étranger*
dinero falso	*fausse monnaie*
dinero suelto	*petite monnaie*
dirección *(f.)*	adresse *(f.)* direction *(f.)*
directivo *(m.)*	**dirigeant** *(m.)*
director *(m.)*	**directeur** *(m.)*
director comercial	*directeur commercial*
director financiero	*directeur financier*
director general	*directeur général*
director general adjunto	*directeur adjoint*
directorio *(a.)*	**directoire** *(a.)*
directriz *(f.)*	**directive** *(f.)*
dirigente *(m.)*	**dirigeant** *(m.)*
dirigido *(a.)*	**dirigé** *(a.)*
dirigir *(v. tr.)*	**diriger** *(v. tr.)*
dirigir un negocio	*diriger une entreprise*
disconformidad *(f.)*	**désaccord** *(m.)*
discontinuo *(a.)*	**discontinu** *(a.)*
discreción *(f.)*	**discrétion** *(f.)*
discrepancia *(f.)*	**désaccord** *(m.)*
discrepar *(v.intr.)*	**être en désaccord**
discreto *(a.)*	**discret** *(a.)*
discriminación *(f.)*	**discrimination** *(f.)*
discriminar *(v. tr.)*	**discriminer** *(v. tr.)*
disculpar *(v. tr.)*	**disculper** *(v.tr.)*

discusión *(f.)*	**discussion** *(f.)*
discutible *(a.)*	**discutable** *(a.)*
discutir *(v. tr.)*	**discuter** *(v. tr.et intr.)*
disensión *(f.)*	**dissension** *(f.)*
disminución *(f.)*	**diminution** *(f.)*
disminuir *(v. tr.)*	**diminuer** *(v. tr.et intr.)*
~el tipo de interés	~ du taux d'intérêt
disminuir los precios	diminuer les prix
disparatado *(a.)*	**absurde** *(a.)*
dispensar *(v. tr.)*	**dispenser** *(v. tr.)*
disponer *(v. tr.)*	**disposer** *(v. tr.)*
disponibilidad *(f.)*	**disponibilité** *(f.)*
disponibilidades *(f.)*	**disponibilités** *(f. pl.)*
disponible *(a.)*	**disponible** *(a.)*
dispuesto *(a.)*	**disposé** *(a.)*
distinto *(a.)*	**distinct** *(a.)*
distribución *(f.)*	**distribution** *(f.)*
distribuido *(a.)*	**distribué** *(a.)*
distribuir *(v. tr.)*	**distribuer** *(v. tr.)*
disyuntiva *(f.)*	**alternative** *(f.)*
diversificación *(f.)*	**diversification** *(f.)*
diverso *(a.)*	**divers** *(a.)*
dividendo *(m.)*	**dividende** *(m.)*
dividendo a cuenta	à compte de dividende
dividendo activo	dividende actif
dividendo acumulado	dividende accumulé
dividendo bruto	dividende brut
dividendo en acciones	dividende en actions
dividendo en efectivo	dividende distribué
dividendo extra	dividende extraordinaire
dividendo neto	dividende net
dividendo no distribuido	dividende non distribué
dividendo pasivo	dividende non distribué

dividir *(v. tr.)*	**diviser** *(v. tr.)*
divisa *(f.)*	**devise** *(f.)*
divisa convertible	*devise convertible*
divisa tipo	*devise type*
divisible *(a.)*	**divisible** *(a.)*
división *(f.)*	**division** *(f.)*
doblar *v. tr.)*	**doubler** *(v. tr.et intr.)*
doble *(a.)*	**double** *(a.)*
documentación *(f.)*	**documentation** *(f.)*
documento *(m.)*	**document** *(m.)*
~de embarque	*carte d'embarquement*
~nacional de identidad	*carte d'identité*
documentos *(m. pl.)*	**documents** *(m.pl.)*
documentos a la vista	*documents à vue*
~mercantiles	*documents commerciaux*
~reservados	*documents réservés*
dólar *(m.)*	**dollar** *(m.)*
doméstico *(a.)*	**domestique** *(a. et s.)*
domiciliación *(f.)*	**domiciliation** *(f.)*
domiciliación bancaria	*domiciliation bancaire*
~de efectos	*domiciliation d'effets*
domiciliado *(a.)*	**domicilié** *(a.)*
domiciliar *(v. tr.)*	**domicilier** *(v. tr.)*
domiciliar un efecto	*domicilier un effet*
domicilio *(m.)*	**domicile** *(m.)*
dominar *(v. tr.)*	**dominer** *(v. tr.)*
dominar el mercado	*dominer le marché*
donar *(v. tr.)*	**donner** *(v. tr.et intr.)*
dorso *(m.)*	**dos** *(m.)*
dorso de la letra	*dos d'une lettre*
dotar *(v. tr.)*	**doter** *(v. tr.)*
duplicado *(a.)*	**duplicata** *(a.)*
duración *(f.)*	**durée** *(f.)*

~de un préstamo

duración del crédito

duradero *(a.)*

durée d'un prêt

durée du crédit

durable *(a.)*

economía

Español	Francés
economía *(f.)*	**économie** *(f.)*
economía monetaria	*économie monétaire*
economía política	*économie politique*
economía privada	*économie privée*
economía pura	*économie pure*
economía subterránea	*économie souterraine*
economía sumergida	*économie souterraine*
económico *(a.)*	**économique** *(a.)*
economista *(s.)*	**économiste** *(s.)*
economizar *(v. tr.)*	**économiser** *(v.tr.)*
ecuación *(f.)*	**équation** *(f.)*
edad *(f.)*	**âge** *(m.)*
efectivo *(m.)*	**espèces** *(f.et a.)*
efecto *(m.)*	**effet** *(m.)*
efecto a cobrar	*effet à recevoir*
efecto a compensar	*effet à compenser*
efecto a corto plazo	*effet à court terme*
efecto a la orden	*effet à l'ordre*
efecto a la vista	*effet à la vue*
efecto a largo plazo	*effet à long terme*
efecto a pagar	*effet à payer*
efecto a plazo fijo	*effet à terme fixe*
efecto aceptado	*effet accepté*
efecto al cobro	*effet à l'encaissement*
efecto al portador	*effet au porteur*
efecto anticipado	*effet anticipé*
efecto bancario	*effet bancaire*
efecto comercial	*effet commercial*
efecto constitutivo	*effet constitutif*

efecto convertible	*effet convertible*
efecto de comercio	*effet de commerce*
efecto de favor	*effet de complaisance*
efecto descontado	*effet escompté*
efecto documentario	*effet documentaire*
efecto en cartera	*effet en portefeuille*
efecto financiero	*effet financier*
efecto mercantil	*effet de commerce*
efecto negociable	*effet négociable*
efecto no aceptado	*effet non accepté*
efectos financieros	*effets financiers*
efectos mercantiles	*effets de commerce*
efectuar *(v.tr.)*	**effectuer** *(v.tr.)*
eficacia *(f.)*	**efficacité** *(f.)*
eficacia económica	*efficacité économique*
eficaz *(a.)*	**efficace** *(a.)*
eficiencia *(f.)*	**efficience** *(f.)*
eficiente *(a.)*	**efficient** *(a.)*
ejecutable *(a.)*	**exécutable** *(a.)*
ejecutante *(a. y m.)*	**exécutant** *(m. et a.)*
ejecutar *(v. tr.)*	**exécuter** *(v.tr.)*
ejecutivo *(a. y m.)*	**exécutif** *(a. et m.)*
ejemplar *(a.)*	**exemplaire** *(a.)*
ejemplo *(m.)*	**exemple** *(m.)*
ejercicio contable	**exercice comptable**
ejercicio financiero	*exercice financier*
elaboración *(f.)*	**élaboration** *(f.)*
elaborar *(v. tr.)*	**élaborer** *(v.tr.)*
elegir *(v. tr.)*	**élire** *(v. tr.)*
elegir por unanimidad	*élire à l'unanimité*
elemento *(m.)*	**élément** *(m.)*
elevación *(f.)*	**élévation** *(f.)*
elevación del precio	*augmentation des prix*

elevar (v. tr.)	**élever** (v. tr.)
elevar el tipo de interés	relever le taux d'intérêt
elevar las cotizaciones	augmenter la cotisation
eliminación (f.)	**élimination** (f.)
eliminar (v. tr.)	**éliminer** (v.intr.et tr.)
eludir (v. tr.)	**éluder** (v.tr.)
embargado	**saisi** (a.)
embargar (v. tr.)	**saisir** (v. tr.)
embargo (m.)	embargo (m.)
	saisie (f.)
emergente (a.)	**émergent** (a.)
eminente (a.)	**éminent** (a.)
emisión (f.)	**émission** (f.)
emisión de billetes	émission de billets
emisión exterior	émission extérieure
emisión fiduciaria	émission fiduciaire
emisión interior	émission intérieure
emisor (a.)	**émetteur** (a.)
emitido (p. p.)	**émis** (a.)
emitir (v. tr.)	**émettre** (v. tr.)
emitir acciones	émettre des actions
emitir billetes	émettre des billets
emitir una letra	émettre une traite
emolumentos (m. pl.)	**émoluments** (m. pl.)
empeñado (p. p.)	**engagé** (a.)
empeñar (v. tr.)	**engager** (v. tr.)
empeorar (v. tr.)	**aggraver** (v. tr.)
empezar (v. tr. irreg.)	**commencer** (v.tr. et intr.)
empleado de banca	**employé de banque**
empleado de banco	employé de banque
~de contabilidad	employé de comptabilité
emplear (v. tr.)	**employer** (v.tr.)
empobrecer (v. tr.)	**appauvrir** (v. tr.)

emprender *(v. tr.)*	**entreprendre** *(v. tr.)*
empresa *(f.)*	**entreprise** *(f.)*
~cotizada en Bolsa	entreprise cotée en bourse
empresa endeudada	entreprise endettée
empresa filial	entreprise filiale
empresa media	entreprise moyenne
empresa mediana	entreprise moyenne
empresa mercantil	entreprise commerciale
empresa multinacional	entreprise multinationale
empresa nacional	entreprise nationale
empresa privada	entreprise privée
empresa pública	entreprise publique
empresarial *(a.)*	**patronal** *(a.)*
emprestar *(v. tr.)*	**emprunter** *(v. tr.)*
empréstito *(m.)*	**emprunt** *(m.)*
empréstito amortizable	emprunt amortissable
empréstito consolidado	emprunt consolidé
empréstito convertible	emprunt convertible
empréstito en divisas	emprunt en devises
empréstito estatal	emprunt d' État
empujar *(v. tr.)*	**pousser** *(v.intr.et tr.)*
empuje *(m.)*	**poussée** *(f.)*
empujón *(m.)*	**poussée** *(f.)*
enajenable *(a.)*	**aliénable** *(a.)*
enajenación *(f.)*	**aliénation** *(f.)*
enajenador *(m.)*	**aliénateur** *(m.)*
enajenar *(v.tr.)*	**aliéner** *(v. tr.)*
encabezamiento *(m.)*	**en-tête** *(m.)*
encajar *(v.tr.)*	**encastrer** *(v. tr.)*
encaje *(m.)*	**encaisse** *(f.)*
encarecer *(v.tr.)*	**enchérir** *(v. intr.)*
endeudado *(p. p.)*	**endetté** *(a.)*
endeudamiento *(m.)*	**endettement** *(m.)*

endosable *(a.)*	**endossable** *(a.)*
endosado *(a.)*	**endossé** *(a.)*
endosador *(m.)*	**endossataire** *(m.)*
endosante *(m.)*	**endosseur** *(m.)*
endosar *(v. tr.)*	**endosser** *(v.tr.)*
endosatario *(m.)*	**endossataire** *(m.)*
endoso *(m.)*	**endos** *(m.)*
endoso completo	*endos complet*
endoso condicional	*endossement conditionnel*
endoso de favor	*endos de complaisance*
endoso de garantía	*endossement de garantie*
endoso en blanco	*endos en blanc*
endoso irregular	*endos irrégulier*
endoso nominativo	*endos nominatif*
endoso nulo	*endos nul*
endoso para el cobro	*endos pour recouvrement*
endoso total	*endos total*
endurecer *(v. tr.)*	**endurcir** *(v. tr.)*
endurecimiento *(m.)*	**durcissement** *(m.)*
enfrentarse *(v. pr.)*	**affronter** *(v. tr.)*
engaño *(m.)*	**ruse** *(f.)*
enjugar *(v. tr.)*	**résorber** *(v. tr.)*
enmendado *(p. p.)*	**corrigé** *(a.)*
enmendar *(v. tr.)*	**corriger** *(v. tr.)*
enmienda *(f.)*	**amendement** *(m.)*
enriquecimiento *(m.)*	**enrichissement** *(m.)*
entendimiento *(m.)*	**entendement** *(m.)*
enterar *(v. tr.)*	**informer** *(v. tr.et intr.)*
entero *(a.)*	**entier** *(a.)*
entidad *(f.)*	**entité** *(f.)*
entidad comercial	*entité commerciale*
entidad financiera	*entité financière*
entidad social	*entité sociale*

entorno (m.)	**environnement** (m.)
entrada (f.)	**entrée** (f.)
entrada de capital	entrée de capital
entrada de divisas	entrée de devises
entrar (v.intr.)	**entrer** (v. intr.et tr.)
entrega (f.)	**livraison** (f.)
~contra aceptación	~contre acceptation
entrega contra pago	livraison contre paiement
entrevista (f.)	**entretien** (m.)
entrevistarse	**avoir un entretien avec**
enviar (v. tr.)	**envoyer** (v. tr.)
envío (m.)	**envoi** (m.)
equilibrado (p. p.)	**équilibré** (a.)
equilibrar (v. tr.)	**équilibrer** (v. tr.)
equilibrio (m.)	**équilibre** (m.)
equilibrio de mercado	équilibre de marché
equilibrio económico	équilibre économique
equiparable (a.)	**comparable** (a.)
equiparación (f.)	**égalisation** (f.)
equiparar (v.tr.)	**égaliser** (v.intr.et tr.)
equivocación (f.)	**erreur** (f.)
erróneo (a.)	**erroné** (a.)
error contable	erreur comptable
error de copia	erreur de transcription
escandaloso (a.)	**scandaleux** (a.)
escasez (f.)	manque (m.) pénurie (f.)
escasez de capital	manque de capital
escasez de dinero	manque d´argent
escasez de divisas	manque de devises
escasez de dólares	manque de dollars
esclarecer (v. tr.)	**éclaircir** (v. tr.)
escoger (v. tr.)	**choisir** (v. tr.)

escribiente (m. y f.)	clerc (m.)
escribir (v. tr.)	écrire (v. intr.et tr.)
escrito (a. y m.)	écrit (m.et a.)
escritura (f.)	acte (f.et m.)
escritura de cesión	acte de cession
escritura de compra	acte d'achat
escritura de compraventa	
~de constitución	acte de constitution
escritura de hipoteca	acte d'hypothèque
escritura de propiedad	acte de propriété
escritura de sociedad	titre de société
escritura de venta	acte de vente
escritura hipotecaria	constitution d'hypothèque
escritura pública	acte authentique
especial (a.)	spécial (a.)
especialidad (f.)	spécialité (f.)
especialista (a.)	spécialiste (a.)
especializado (a.)	spécialisé (a.)
especificar (v. tr.)	spécifier (v. tr.)
especulación (f.)	spéculation (f.)
especulador (m.)	spéculateur (m.)
	joueur (m.)
especulador bursátil	spéculateur boursier
especular (v. tr. e intr.)	spéculer (v. intr.)
especular a la baja	spéculer à la baisse
especular al alza	spéculer à la hausse
especulativo (a.)	spéculatif (a.)
espera (f.)	attente (f.)
esperado (a. y p. p.)	attendu (a.)
esperar (v. tr.)	attendre (v. intr.et tr.)
estabilidad (f.)	stabilité (f.)
estabilidad económica	stabilité économique
estabilidad monetaria	stabilité monétaire

estabilización *(f.)*	**stabilisation** *(f.)*
~de precios	stabilité des prix
estabilizado *(a. y p. p.)*	**stabilisé** *(a.)*
estabilizar una moneda	**stabiliser une monnaie**
estable *(a.)*	**stable** *(a.)*
establecimiento *(m.)*	**établissement** *(m.)*
estadística *(f.)*	**statistique** *(a.et f.)*
estadística de precios	statistique de prix
estado de cuenta	**relevé de comptes**
estado de situación	situation de caisse
estafa *(f.)*	**escroquerie** *(f.)*
estafador *(m.)*	**escroc** *(m.)*
estampillado *(m.)*	**timbrage** *(m.)*
estampillar *(v. tr.)*	**estampiller** *(v. tr.)*
estancamiento *(m.)*	**stagnation** *(f.)*
estanflación *(f.)*	**stagflation** *(f.)*
estar de acuerdo	**être d'accord**
estatutario *(a.)*	**statutaire** *(a.)*
estatuto *(m.)*	**statut** *(m.)*
	estimation *(f.)*
estimación *(f.)*	évaluation *(f.)*
estimación de costes	évaluation des coûts
estimado *(a. y p. p.)*	**estimé** *(a.)*
estimular *(v. tr.)*	**stimuler** *(v. tr.)*
estímulo *(m.)*	**stimulation** *(f.)*
estipulación *(f.)*	**stipulation** *(f.)*
estipulado *(a.)*	**stipulé** *(a.)*
estipular *(v. tr.)*	**stipuler** *(v. tr.)*
estrategia *(f.)*	**stratégie** *(f.)*
estratégico *(a.)*	**stratégique** *(a.)*
estricto *(a.)*	**strict** *(a.)*
estructura *(f.)*	**structure** *(f.)*
estructural *(a.)*	**structurel** *(a.)*

estructurar *(v. tr.)*	structurer *(v. tr.)*
estudiado *(p. p.)*	étudié *(a.)*
estudiar *(v. tr.)*	étudier *(v. intr.et tr.)*
estudio *(m.)*	étude *(f.)*
estudio de mercados	*étude de marché*
~de posibilidades	*étude de possibilités*
estudio del producto	*étude du produit*
ética *(f.)*	éthique *(f.)*
eurobonos *(m. pl.)*	euro-obligations *(f.)*
eurocheque *(m.)*	eurochèque *(m.)*
eurodivisa *(f.)*	eurodevise *(f.)*
eurodólares *(m. pl.)*	eurodollars *(m. pl.)*
europeo *(m. y a.)*	européen *(m. et a.)*
evaluable *(a.)*	évaluable *(a.)*
evaluación *(f.)*	évaluation *(f.)*
evaluar *(v. tr.)*	évaluer *(v.tr.)*
evento *(m.)*	événement *(m.)*
eventual *(a.)*	éventuel *(a.)*
eventualidad *(f.)*	éventualité *(f.)*
evidente *(a.)*	évident *(a.)*
evitable *(a.)*	évitable *(a.)*
evitar *(v. tr.)*	éviter *(v. intr.et tr.)*
evolución *(f.)*	évolution *(f.)*
evolutivo *(a.)*	évolutif *(a.)*
exactitud *(f.)*	exactitude *(f.)*
exacto *(a.)*	exact *(a.)*
exagerado *(p. p.)*	exagéré *(a.)*
exagerar *(v. tr.)*	exagérer *(v.intr.et tr.)*
examen *(m.)*	examen *(m.)*
examinar *(v. tr.)*	examiner *(v.intr.et tr.)*
excedente *(a. y m.)*	excédent *(a.et m.)*
exceder *(v. tr.)*	excéder *(v.tr.)*
excepción *(f.)*	exception *(f.)*

exceptuar *(v. tr.)*	excepter *(v.tr.)*
excesivo *(a.)*	excessif *(a.)*
exceso *(m.)*	excès *(m.)*
excluir *(v. tr.)*	exclure *(v.tr.)*
exento *(a.)*	exempt *(a.)*
exigencia *(f.)*	exigence *(f.)*
exigente *(a.)*	exigeant *(a.)*
exigible *(a.)*	exigible *(a.)*
exigir *(v. tr.)*	exiger *(v. tr.)*
exigir el pago	*exiger le paiement*
existencia *(f.)*	existence *(f.)*
existencia en caja	*encaisse*
existente *(a.)*	existent *(a.)*
éxito *(m.)*	succès *(m.)*
expansión *(f.)*	expansion *(f.)*
expansionario *(a.)*	expansionniste *(a.)*
expansivo *(a.)*	expansif *(a.)*
expedición *(f.)*	expédition *(f.)*
expedidor *(m.)*	expéditeur *(m.)*
expediente *(m.)*	dossier *(m.)*
experto *(a. y m.)*	expert *(m. et a.)*
explicar *(v.tr.)*	expliquer *(v.tr.)*
exportación *(f.)*	exportation *(f.)*
exportación de capital	*exportation de capital*
exportador *(a. y m.)*	exportateur *(m. et a.)*
expresar *(v. tr.)*	exprimer *(v.tr.)*
extender *(v. tr.)*	libeller *(v. tr.)*
extender un cheque	*libeller un chèque*
extender un recibo	*libeller un reçu*
extender una factura	*délivrer une facture*
extender una póliza	*rédiger une police*
exterior *(a.)*	extérieur *(a.)*
externo *(a.)*	externe *(a.)*

extractar *(v. tr.)*	**résumer** *(v. tr.)*
extracto *(m.)*	**extrait** *(m.et a.)*
extracto de cuenta	*extrait de compte*
extranjero *(a. y m.)*	**étranger** *(a. et m.)*

fábrica

Español	Francés
fábrica *(f.)*	**fabrique** *(f.)*
fabricación *(f.)*	**fabrication** *(f.)*
fabricante *(m.)*	**fabricant** *(m.)*
fabricar *(v. tr.)*	**fabriquer** *(v. tr.et intr.)*
fácil *(a.)*	**facile** *(a.)*
facilidad *(f.)*	**facilité** *(f.)*
facilidades de pago	*facilités de paiement*
facilitar *(v. tr.)*	**faciliter** *(v. tr.)*
factibilidad *(f.)*	**faisabilité** *(f.)*
factura *(f.)*	**facture** *(f.)*
facturación *(f.)*	**facturation** *(f.)*
facturado *(p. p.)*	**facturé** *(a.)*
facultar *(v. tr.)*	**autoriser** *(v.tr.)*
falseado *(p. p.)*	**falsifié** *(a.)*
falseamiento *(m.)*	**falsification** *(f.)*
falsear *(v. tr.)*	**fausser** *(v. tr.)*
falsedad *(f.)*	**fausseté** *(f.)*
falsificación *(f.)*	**falsification** *(f.)*
falsificación de firma	*contrefaçon de signature*
falsificado *(a. y p. p.)*	**contrefait** *(a.)*
falsificador *(m.)*	**falsificateur** *(m.)*
falsificar *(v. tr.)*	**falsifier** *(v. tr.)*
falso *(m.)*	**faux** *(m.)*
falta *(f.)*	**défaut** *(m.)*
falta de aceptación	*manque d'acceptation*
falta de cumplimiento	*non accomplissement*
falta de dinero	*manque d´argent*
falta de eficacia	*absence d'efficacité*
falta de fondos	*absence de fonds*

falta de liquidez	*manque de liquidité*
falta de pago	*non-paiement*
fama *(f.)*	**renommée** *(f.)*
favor *(m.)*	**faveur** *(f.)*
favorable *(a.)*	**favorable** *(a.)*
favorecer *(v. tr.)*	**favoriser** *(v. tr.)*
favorecido *(a.)*	**favorisé** *(a.)*
favoritismo *(m.)*	**favoritisme** *(m.)*
fecha *(f.)*	**date** *(f.)*
fecha de aceptación	*date d'acceptation*
fecha de cierre	*date de clôture*
fecha de envío	*date d'envoi*
fecha de la factura	*date de la facture*
fecha de pago	*date de paiement*
fecha de vencimiento	*date d'échéance*
fechar *(v. tr.)*	**dater** *(v. tr.et intr.)*
fiabilidad *(f.)*	**fiabilité** *(f.)*
fiable *(a.)*	**fiable** *(a.)*
fiado *(p. p.)*	**acheté à crédit**
fiador *(a. et m.)*	**garant** *(a. et s.)*
fiador solidario	*caution solidaire*
fianza *(f.)*	**garantie** *(f.)*
fianza de caución	*caution*
fianza de pago	*garantie de paiement*
fianza ordinaria	*garantie ordinaire*
fianza personal	*cautionnement personnel*
fianza pignoraticia	*cautionnement pignoratif*
fianza prendaria	*dépôt en gage*
fianza real	*garantie réelle*
fianza solidaria	*garantie solidaire*
fiar *(v. tr.)*	**cautionner** *(v. tr.)*
ficha *(f.)*	**fiche** *(f.)*
ficha contable	*fiche comptable*

fichero *(m.)*	**fichier** *(m.)*
fichero de informes	*fichier de renseignements*
fideicomisario *(m.)*	**fidéicommissaire** *(m.)*
fideicomiso *(m.)*	**fidéicommis** *(m.)*
fideicomiso activo	*fidéicommis actif*
~de fondos depositados	*~ avec dépôt de fonds*
fidelidad *(f.)*	**fidélité** *(f.)*
fiduciario *(a.)*	**fiduciaire** *(a.)*
fiel *(a.)*	**fidèle** *(a.)*
fijar *(v. tr.)*	**fixer** *(v. tr.)*
fijar el cambio	*fixer le prix*
fijar un plazo	*fixer un délai*
fijo *(a.)*	**fixe** *(a.)*
filiación *(f.)*	**filiation** *(f.)*
filtración *(f.)*	**filtration** *(f.)*
filtrar *(v. tr.)*	**filtrer** *(v. tr.et intr.)*
final *(a.)*	**final** *(a.)*
finalidad *(f.)*	**finalité** *(f.)*
finalizar *(v. tr.et intr.)*	**finir** *(v. intr.et tr.)*
financiación *(f.)*	**financement** *(m.)*
~a corto plazo	*financement à court terme*
~a largo plazo	*financement à long terme*
~ajena	*financement d'autrui*
~ de exportaciones	*~ des exportations*
~de inversiones	*~ des investissements*
financiamiento *(m.)*	**financement** *(m.)*
financiar *(v. tr.)*	**financer** *(v. tr.et intr.)*
financiero *(m.)*	**financier** *(m.)*
finanzas *(f. pl.)*	**finances** *(f.)*
finiquitar	**solder un compte**
firma *(f.)*	**signature** *(f.)*
firma autorizada	*signature autorisée*
firma conforme	*signature conforme*

firma conjunta	*signature conjointe*
firma en blanco	*blanc-seing*
firma social	*signature sociale*
firmante *(m. y f.)*	**signataire** *(a. et s.)*
firmar *(v. tr.)*	**signer** *(v. tr.)*
firmar en blanco	*signer en blanc*
firmar por poder	*signer un pouvoir*
fiscalización *(f.)*	**contrôle** *(m.)*
fiscalizar *(v. tr.)*	**contrôler** *(v. tr.)*
flexibilidad *(f.)*	**flexibilité** *(f.)*
flexible *(a.)*	**flexible** *(a.)*
flotación *(f.)*	**flottation** *(f.)*
flotante *(p. a.y a.)*	**flottant** *(a.)*
fluctuación *(f.)*	**fluctuation** *(f.)*
fluctuación de mercado	*fluctuation du marché*
fluctuación de precios	*fluctuation des prix*
fluctuante *(p. a.)*	**fluctuant** *(a.)*
fluctuar *(v. intr.)*	**fluctuer** *(v. intr.)*
flujo *(m.)*	**flux** *(m.)*
flujo de caja	*flux de l'encaisse*
flujo de dinero	*flux d'argent*
folleto *(m.)*	**brochure** *(f.)*
folleto de propaganda	*brochure de propagande*
fomentar *(v. tr.)*	**promouvoir** *(v. tr.)*
fondo *(m.)*	**fonds** *(m.)*
fondo consolidado	*fonds consolidé*
fondo de amortización	*fonds d´amortissement*
fondo de comercio	*fonds de commerce*
fondo de compensación	*fonds de compensation*
fondo de garantía	*fonds de garantie*
fondo de maniobra	*fonds de roulement*
fondo de reserva	*fonds de réserve*
fondos ajenos	*fonds externes*

fondos de inversión	*fonds d'investissement*
fondos públicos	*fonds publics*
forma *(f.)*	**forme** *(f.)*
formalidad *(f.)*	**formalité** *(f.)*
formalización *(f.)*	**formalisation** *(f.)*
formalizar *(v. tr.)*	**formaliser** *(v. tr.)*
formalmente *(adv.)*	**formellement** *(adv.)*
formato *(m.)*	**format** *(m.)*
formulación *(f.)*	**formulation** *(f.)*
formulario *(m.)*	**formulaire** *(m.)*
formulismo *(m.)*	**formalisme** *(m.)*
fortuna *(f.)*	**fortune** *(f.)*
fraccionamiento *(m.)*	**fractionnement** *(m.)*
fraccionario *(a.)*	**fractionnaire** *(a.)*
fraude *(m.)*	**fraude** *(f.)*
fraude a acreedores	*fraude à créanciers*
fraudulento *(a.)*	**frauduleux** *(a.)*
frecuencia *(f.)*	**fréquence** *(f.)*
frecuente *(a.)*	**fréquent** *(a.)*
frenar *(v. tr.)*	**freiner** *(v.tr. et intr.)*
fuerte *(a.)*	**fort** *(a.)*
funcionamiento *(m.)*	**fonctionnement** *(m.)*
funcionar *(v. intr.)*	**fonctionner** *(v. intr.)*
fundación *(f.)*	**fondation** *(f.)*
fundado *(p. p.y a.)*	**fondé** *(a.)*
fundador *(m.)*	**fondateur** *(m.)*
~de una sociedad	*fondateur d'une société*
fundamentación *(f.)*	**fondements** *(m.)*
fundamental *(a.)*	**fondamental** *(a.)*
fundamentar *(v. tr.)*	**fonder** *(v. tr.)*
fundamento *(m.)*	**fondement** *(m.)*
fundar *(v. tr.)*	**fonder** *(v. tr.)*
fungibles *(a.)*	**fongibles** *(a.)*

fusionar *(v. tr.)*	**fusionner** *(v.intr.et tr.)*
futuro *(a. y m.)*	**futur** *(m. et a.)*

ganador

Español	Francés
ganador (a., m.)	**gagnant** (a. and m.)
ganancia (f.)	**gain** (m.)
ganancia bruta	produit brut
ganancia de capital	rendement de capital
ganancia líquida	bénéfice net
ganancias (f. pl.)	**profits** (m.pl.)
ganancias brutas	profits bruts
~extraordinarias	profits extraordinaires
ganancias netas	profits nets
ganar (v. tr.)	**gagner** (v.tr.et intr.)
ganar clientes	gagner des clients
ganar dinero	gagner de l'argent
garante (a.y s.)	**garant** (a. et s.)
garantía (f.)	**garantie** (f.)
garantía absoluta	garantie absolue
garantía bancaria	garantie bancaire
garantía hipotecaria	garantie hypothécaire
garantía personal	garantie personnelle
garantía prendaria	gage
garantía real	garantie réelle
garantizado (a.)	**garanti** (a.)
garantizar (v. tr.)	**garantir** (v. tr.)
gastar (v. tr.)	**dépenser** (v. tr.)
gastos (m.pl.)	dépenses (f.pl.)
	frais (m.pl.)
gastos bancarios	frais bancaires
gastos de apertura	frais d'établissement
gastos de custodia	frais de garde
gastos de descuento	frais d'escompte

gastos de divisas	*frais de devises*
gastos de emisión	*frais d'émission*
gastos financieros	*frais financiers*
gastos generales	*frais généraux*
gastos indirectos	*frais indirects*
generar *(v. tr.)*	**engendrer** *(v. tr.)*
generoso *(a.)*	**généreux** *(a.)*
gerencia *(f.)*	**gérance** *(f.)*
gerente *(m.)*	**gérant** *(m.)*
gerente de banco	*gérant de banque*
gestión *(f.)*	**gestion** *(f.)*
gestión financiera	*gestion financière*
gestionar *(v. intr.)*	**négocier** *(v. intr.et tr.)*
gestor *(m.)*	**gérant** *(m.)*
girado *(a.)*	**tiré** *(m.et a.)*
girador *(m.)*	**tireur** *(m.)*
girar en descubierto	**tirer à découvert**
giro *(m.)*	**virement** *(m.)*
giro a la vista	*virement à vue*
giro bancario	*virement bancaire*
giro postal	*virement postal*
giro sin documentos	*virement sans documents*
global *(a.)*	**global** *(a.)*
globalizar *(v. tr.)*	**globaliser** *(v. tr.)*
globalmente *(adv.)*	**globalement** *(adv)*
glosar *(v. tr.)*	**gloser** *(v. intr.et tr.)*
grande *(a.)*	**grand** *(a.)*
gravamen *(m.)*	**charge** *(f.)*
gravoso *(a.)*	**onéreux** *(a.)*

inmovilizaciones *(f. pl)*	immobilisations *(f. pl.)*
inmovilizado *(a.)*	immobilisé *(a.)*
inmovilizar *(v. tr.)*	immobiliser *(v. tr.)*
innegociable *(a.)*	innégociable *(a.)*
inquietar *(v. tr.)*	inquiéter *(v. tr.)*
inquietud *(f.)*	inquiétude *(f.)*
inscribible *(a.)*	inscriptible *(a.)*
inscripción *(f.)*	inscription *(f.)*
inseguridad *(f.)*	insécurité *(f.)*
insinuación *(f.)*	insinuation *(f.)*
insinuar *(v. tr.)*	insinuer *(v. tr.)*
insolvencia *(f.)*	insolvabilité *(f.)*
insolvencia permanente	*insolvabilité permanente*
insolvencia transitoria	*insolvabilité transitoire*
insolvente *(a.)*	insolvable *(a.)*
insostenible *(a.)*	insoutenable *(a.)*
inspeccionar *(v. tr.)*	inspecter *(v. tr.)*
instar *(v. tr.)*	insister *(v. intr.)*
institución *(f.)*	institution *(f.)*
institucional *(a.)*	institutionnel *(a.)*
instrucciones *(f. pl.)*	instructions *(f. pl.)*
instrumentación *(f.)*	instrumentation *(f.)*
instrumento *(m.)*	instrument *(m.)*
insuficiente *(a.)*	insuffisant *(a.)*
intachable *(a.)*	irréprochable *(a.)*
integración *(f.)*	intégration *(f.)*
integral *(a.)*	intégral *(a.)*
íntegro *(a.)*	intègre *(a.)*
intensificación *(f.)*	intensification *(f.)*
intensificar *(v. tr.)*	intensifier *(v. tr.)*
intensivo *(a.)*	intensif *(a.)*
intentar *(v. tr.)*	tenter *(v. tr.et intr.)*
interbancario *(a.)*	interbancaire *(a.)*

interceder *(v. intr.)*	intercéder *(v. intr.)*
interés *(m.)*	**intérêt** *(m.)*
interés a cobrar	*intérêt à recevoir*
interés a corto plazo	*intérêt à court terme*
interés a largo plazo	*intérêt à long terme*
interés a pagar	*intérêt à payer*
interés acreedor	*intérêt créancier*
interés bruto	*intérêt brut*
interés compuesto	*intérêt composé*
interés corriente	*intérêt courant*
interés de demora	*intérêt moratoire*
interés de usura	*intérêt d'usure*
interés deudor	*intérêt débiteur*
interés efectivo	*intérêt effectif*
interés fijo	*intérêt fixe*
interés hipotecario	*intérêt hypothécaire*
interés ilegal	*intérêt illégal*
interés legal	*intérêt légal*
interés lícito	*intérêt licite*
interés nacional	*intérêt national*
interés neto	*intérêt net*
interés público	*intérêt public*
interesado *(a. y s.)*	**intéressé** *(a. et s.)*
intereses *(m. pl.)*	**intérêts** *(m. pl.)*
intereses abonados	*intérêts crédités*
intereses acreedores	*intérêts créditeurs*
intereses atrasados	*intérêts en retard*
intereses corridos	*intérêts courus*
intereses de demora	*intérêts moratoires*
intereses deudores	*intérêts débiteurs*
intereses diferidos	*intérêts différés*
intereses ganados	*intérêts gagnés*
intereses pagados	*intérêts payés*

intereses vencidos	*intérêts échus*
intermediación *(f.)*	**intermédiation** *(f.)*
intermediar *(v. intr.)*	**intervenir** *(v. intr.)*
intermediario *(a. y s.)*	**intermédiaire** *(a. et s.)*
internacional *(a.)*	**international** *(a.)*
interrogación *(f.)*	**interrogation** *(f.)*
interrogante *(a.)*	**interrogation** *(f.)*
interrumpir *(v. tr.)*	**interrompre** *(v. tr.)*
interrupción *(f.)*	**interruption** *(f.)*
intervención *(f.)*	**contrôle** *(m.)*
intervención de cuentas	*contrôle de comptes*
intervencionismo *(m.)*	**interventionnisme** *(m.)*
intervencionista *(a.)*	**interventionniste** *(a.)*
intervenido *(p. p. y a.)*	**intervenu** *(a.)*
intervenir *(v. intr.)*	**intervenir** *(v. intr.)*
interventor *(a. y s.)*	**inspecteur** *(m.)*
interventor de cuentas	*auditeur*
interviniente *(a.)*	**intervenant** *(a.)*
intimación de pago	**sommation d'avoir à payer**
intransmisible *(a.)*	**intransmissible** *(a.)*
intrusismo *(m.)*	**intrusion** *(f.)*
intrusismo profesional	*intrusion professionnelle*
invalidación *(f.)*	**invalidation** *(f.)*
invalidado *(a.)*	**invalidé** *(a.)*
invalidar *(v. tr.)*	**invalider** *(v. tr.)*
inválido *(a. y s.)*	**invalide** *(a. et s.)*
invendible *(a.)*	**invendable** *(a.)*
inventariar *(v. tr.)*	**inventorier** *(v. tr.)*
inventario *(m.)*	**inventaire** *(m.)*
inventario final	*inventaire final*
inversión *(f.)*	**investissement** *(m.)*
	placement *(m.)*
inversión a corto plazo	*placement à court terme*

inversión a largo plazo	placement à long terme
inversión de capital	placement de capital
inversión de valores	investissement mobilier
inversión directa	investissement direct
inversión en valores	~ en valeurs mobilières
inversión financiera	placement financier
inversión neta	investissement net
inversión real	placement réel
inversión segura	placement sûr
inversiones (f. pl.)	**investissements** (m. pl.)
~a largo plazo	~ à long terme
inversiones de cartera	~ de portefeuille
inversiones directas	investissements directs
inversiones extranjeras	investissements étrangers
inversionista (m. y f.)	**bailleur de fonds**
inversor (a. y s.)	**investisseur** (s. et a.)
invertido (a., y p.p.)	**investi** (a.)
investigación (f.)	**investigation** (f.)
~de mercado	investigation de marché
investigar (v. tr.)	**rechercher** (v. tr.)
irrecuperable (a.)	**irrécouvrable** (a.)
irregular (a.)	**irrégulier** (a.)
irremisible (a.)	**irrémissible** (a.)
irreparable (a.)	**irréparable** (a.)
irrisorio (a.)	**dérisoire** (a.)

Español	Francés
jefe (m.)	**chef** (m.)
jefe de contabilidad	chef de comptabilité
jefe de créditos	chef de crédits
jefe de departamento	chef de département
jefe de oficina	chef de bureau
jefe de personal	chef du personnel
jefe de producción	chef de la production
jefe de publicidad	chef de publicité
jefe de sección	chef de rayon
jefe de sucursal	chef de succursale
jornal (m.)	**salaire** (m.)
jugar (v. intr.)	**jouer** (v. intr.et intr.)
jugar a la baja	jouer à la baisse
jugar al alza	jouer à la hausse
junta (f.)	**assemblée** (f.)
junta de accionistas	assemblée d´actionnaires
junta de acreedores	assemblée de créditeurs
junta extraordinaria	assemblée extraordinaire
~ general de accionistas	~ générale d´actionnaires
junta ordinaria	assemblée ordinaire
junta universal	assemblée universelle
jurídicamente (adv.)	**juridiquement** (adv.)
jurídico (a.)	**juridique** (a.)
jurisconsulto (m.)	**jurisconsulte** (m.)
justamente (adv.)	**justement** (adv.)
justicia (f.)	**justice** (f.)
justificación (f.)	**justification** (f.)
justificado (p. p. y a.)	**justifié** (a.)
justificante (m.)	**justificatif** (a.et m.)

justificante de caja	*justificatif de caisse*
justificar *(v. tr.e intr.)*	**justifier** *(v. tr.)*
justiprecio *(m.)*	**évaluation** *(f.)*
justo *(a.)*	**juste** *(a.)*

Español	Francés
ladrón *(a. y s.)*	**voleur** *(m.)*
largo plazo	**long terme**
leer *(v. tr.)*	**lire** *(v. tr./v.intr.)*
legal *(a.)*	**légal** *(a.)*
legalidad *(f.)*	**légalité** *(f.)*
legalista *(a. y s.)*	**légaliste** *(a. et s.)*
legalización *(f.)*	**légalisation** *(f.)*
legalizar *(v. tr.)*	**légaliser** *(v. tr.)*
legalizar una firma	*certifier une signature*
legalmente *(adv.)*	**légalement** *(adv.)*
legislación *(f.)*	**législation** *(f.)*
legislación bancaria	*législation bancaire*
legislación financiera	*législation financière*
legitimidad *(f.)*	**légitimité** *(f.)*
letra *(f.)*	**lettre de change** *(f.)*
~a fecha fija	*~à date fixe*
~a la vista	*~à vue*
~a largo plazo	*~à long terme*
~a sesenta días fecha	*~à 60 jours de date*
~a sesenta días vista	*~à 60 jours de vue*
~a tantos días fecha	*~à tant de jours de date*
~a tantos días vista	*~à tant de jours de vue*
letra aceptada	*lettre de change acceptée*
letra avalada	*lettre de change avalée*
letra bancable	*lettre de change bancable*
letra bancaria	*lettre de change bancaire*
letra comercial	*~commerciale*
letra con interés	*~avec intérêt*
letra de cambio	*lettre de change*

letra de garantía	*lettre de garantie*
letra de resaca	*lettre retraite*
letra documentaria	*lettre documentaire*
letra domiciliada	*lettre domiciliée*
letra en divisas	*lettre acceptée en devise*
letra exterior	*lettre extérieure*
letra financiera	*lettre financière*
letra impagada	*lettre non payée*
letra interior	*lettre intérieure*
letra pagada	*lettre payée*
letra protestada	*lettre protestée*
letras a cobrar	*lettres à recevoir*
letras a pagar	*lettres à payer*
letras del tesoro	*lettres du Trésor*
letras descontadas	*lettres escomptées*
ley *(f.)*	**loi** *(f.)*
ley cambiaria	*loi cambiaire*
ley presupuestaria	*loi budgétaire*
liberalidad *(f.)*	**libéralité** *(f.)*
liberalismo *(m.)*	**libéralisme** *(m.)*
liberalización *(f.)*	**libéralisation** *(f.)*
liberalizar *(v. tr.)*	**libéraliser** *(v. tr.)*
libra *(f.)*	**livre** *(m. et f.)*
librado *(m.)*	**tiré** *(m.et a.)*
librador *(m.)*	**tireur** *(m.)*
libramiento *(m.)*	**tirage** *(m.)*
libramiento de fondos	*délivrance de fonds*
libranza *(f.)*	**tirage** *(m.)*
librar *(v. tr.)*	**tirer** *(v. tr.et intr.)*
librar un cheque	*tirer un chèque*
libreta bancaria *(f.)*	**livret bancaire** *(m.)*
libreta de ahorros	*livret d'épargne*
libro *(m.)*	**livre** *(m. et f.)*

libro borrador	brouillon (m.)
libro de acciones	livre d'actions
libro de balances	livre de bilans
libro de caja	livre de caisse
~de cuentas corrientes	livre de comptes
libro de vencimientos	échéancier
libro mayor	grand livre
libros de caja	livre de caisse
libros de contabilidad	livres de comptabilité
licitador (m.)	**enchérisseur** (m.)
licitante (m. y f.)	**enchérisseur** (m.)
licitar (v. tr.)	**enchérir** (v. intr.)
limitación (f.)	**limitation** (f.)
limitada (p. p.y a.)	**limitée** (a.)
limitar (v. tr.)	**limiter** (v. tr.)
límite (m.)	**limite** (f.)
límite de cambio	plafond de change
línea (f.)	**ligne** (f.)
línea de crédito	ligne de crédit
liquidación (f.)	**liquidation** (f.)
liquidado (a.)	**liquidé** (a.)
liquidador (m.)	**liquidateur** (m.)
liquidador de la quiebra	liquidateur de la faillite
liquidar (v. tr.)	**liquider** (v. tr.)
liquidar cuentas	arrêter les comptes
liquidar una deuda	liquider une dette
liquidez (f.)	**liquidité** (f.)
lista (f.)	**liste** (f.)
lista de cambios	liste de changes
literal (a.)	**littéral** (a.)
llamar (v. tr.)	**appeler** (v. tr.)
llegar (v. tr.)	**arriver** (v. intr.)
llenar un formulario	remplir un formulaire

llevar a efecto	mettre à exécution
localidad *(f.)*	localité *(f.)*
lockout *(m.)*	lock-out *(m.)*
lógica *(f.)*	logique *(f.)*
lograr *(v. tr.)*	obtenir *(v. tr.)*
logro *(m.)*	obtention *(f.)*
lonja *(f.)*	bourse de marchandises
lote *(m.)*	lot *(m.)*
lote de acciones	*lot d'actions*
lucrativo *(a.)*	lucratif *(a.)*

macroeconomía

Español	Francés
macroeconomía *(f.)*	macro-économie *(f.)*
magnitud *(f.)*	grandeur *(f.)*
mala acción	méfait *(m.)*
mala fe	mauvaise foi
malbaratar *(v. tr.)*	gaspiller *(v. intr.)*
malgastar *(v. tr.)*	gaspiller *(v. intr.)*
malversación *(f.)*	malversation *(f.)*
malversador *(m.)*	concussionnaire *(m.)*
mancomunadamente	conjointement *(adv.)*
mancomunado *(a.)*	conjoint *(a. et s.)*
mandamiento *(m.)*	mandement *(m.)*
mandamiento de pago	*injonction de payer*
mandante *(m. y f.)*	mandant *(m.)*
mandar *(v. tr.)*	commander *(v.tr.et intr.)*
mandatario *(m.)*	mandataire *(m.)*
mandato *(m.)*	commandement *(m.)*
mandato de pago	*injonction de payer*
mandos inferiores	**cadres inférieurs**
mandos intermedios	*agents de maîtrise*
mandos superiores	*cadres supérieurs*
mantener *(v. tr.)*	maintenir *(v. tr.)*
mantenimiento *(m.)*	entretien *(m.)*
mañana *(adv. y f.)*	demain *(adv.)* matin *(m.)*
marca *(f.)*	marque *(f.)*
margen *(m.)*	marge *(f.)*
margen comercial	*marge de bénéfice*
margen de beneficio	*marge de bénéfice*
máximo *(m.)*	maximum *(m.)*

mayor *(a.)*	**plus grand** *(a.)*
mayorista *(m.)*	**commerçant en gros**
media *(f.)*	**moyenne** *(f.)*
media ponderada	*moyenne pondérée*
mediación *(f.)*	**médiation** *(f.)*
mediador *(m.)*	**médiateur** *(m.)*
medio *(m.)*	**moyen** *(m.)*
medio de cambio	*moyen de change*
medio de comunicación	*moyen de communication*
medios de pagos	*moyens de paiement*
medrar *(v. intr.)*	**prospérer** *(v.intr.)*
mejor *(a.)*	**meilleur** *(a.)*
mejora *(f.)*	**amélioration** *(f.)*
mejoramiento *(m.)*	
mejorar *(v. tr.e intr.)*	**améliorer** *(v. tr.)*
mejoría *(f.)*	**amélioration** *(f.)*
memoria *(f.)*	**mémoire** *(f.)*
memoria anual	*rapport annuel*
menor de edad	**mineur** *(a. et s.)*
mensual *(a.)*	**mensuel** *(a.)*
mensualidad *(f.)*	**mensualité** *(f.)*
mercaderías *(f. pl.)*	**marchandises** *(f. pl.)*
mercado *(m.)*	**marché** *(m.)*
mercado a plazos	*marché à terme*
mercado abierto	*marché ouvert*
mercado activo	*marché actif*
mercado al contado	*marché au comptant*
mercado alcista	*marché à la hausse*
mercado átono	*marché atone*
mercado bajista	*marché à la baisse*
mercado bursátil	*marché boursier*
mercado cambiario	*marché cambiaire*
mercado controlado	*marché contrôlé*

mercado crediticio	*marché de crédit*
mercado de cambios	*marché des changes*
mercado de capitales	*marché de capitaux*
mercado de dinero	*marché d'argent*
mercado de divisas	*marché de devises*
~de obligaciones	*marché d´obligations*
mercado de valores	*marché des valeurs*
mercado desanimado	*marché découragé*
mercado especulativo	*marché spéculatif*
mercado exterior	*marché extérieur*
mercado favorable	*marché favorable*
mercado firme	*marché firme*
mercado fuerte	*marché fort*
mercado hipotecario	*marché hypothécaire*
mercado inestable	*marché instable*
mercado interbancario	*marché interbancaire*
mercado interior	*marché intérieur*
mercado internacional	*marché international*
mercado libre	*marché libre*
mercado monetario	*marché monétaire*
mercado mundial	*marché mondial*
mercado negro	*marché noir*
mercado oficial	*marché officiel*
mercado paralelo	*marché parallèle*
mercado perfecto	*marché parfait*
mercado potencial	*marché potentiel*
mercado secundario	*marché secondaire*
mercantil *(a.)*	**commercial** *(a.)*
mercantilismo *(m.)*	**mercantilisme** *(m.)*
mercantilista *(s.)*	**mercantiliste** *(s.)*
mermar *(v. tr.)*	**diminuer** *(v. tr.et intr.)*
mes *(m.)*	**mois** *(m.)*
meta *(f.)*	**objectif** *(m. et a.)*

metálico *(a.)*	espèces *(f.et a.)*
microeconomía *(f.)*	micro-économie *(f.)*
miedo *(m.)*	peur *(f.)*
minoración *(f.)*	minoration *(f.)*
minorar *(v. tr.)*	minorer *(v. tr.)*
minoría *(f.)*	minorité *(f.)*
minorista *(m.)*	commerçant au détail
minoritario *(a.)*	minoritaire *(a.)*
minucia *(f.)*	minutie *(f.)*
minuta *(f.)*	minute *(f.)*
moda *(f.)*	mode *(f.)*
moderación *(f.)*	modération *(f.)*
moderado *(a.)*	modéré *(a.)*
moderar *(v. tr.)*	modérer *(v. tr.)*
modernización *(f.)*	modernisation *(f.)*
módico *(a.)*	modique *(a.)*
modificación *(f.)*	modification *(f.)*
modificar *(v. tr.)*	modifier *(v. tr.)*
modo de financiación	**moyen de financement**
modo de pago	*moyen de paiement*
momento *(m.)*	moment *(m.)*
moneda *(f.)*	monnaie *(f.)*
moneda blanda	*monnaie faible*
moneda convertible	*monnaie convertible*
moneda de cobre	*monnaie de cuivre*
moneda de curso legal	*monnaie de cours légal*
moneda de oro	*monnaie d'or*
moneda de plata	*monnaie d'argent*
moneda débil	*monnaie faible*
moneda depreciada	*monnaie dépréciée*
moneda devaluada	*monnaie dévaluée*
moneda estable	*monnaie stable*
moneda extranjera	*monnaie étrangère*

moneda falsa	*fausse monnaie*
moneda fiduciaria	*monnaie fiduciaire*
moneda fraccionaria	*monnaie divisionnaire*
moneda fuerte	*monnaie forte*
moneda metálica	*monnaie métallique*
moneda nacional	*monnaie nationale*
moneda supervalorada	*monnaie surévaluée*
monetaria *(a.)*	**monétaire** *(a.)*
monetarista *(m.)*	**monétariste** *(m.)*
monetización *(f.)*	**monétisation** *(f.)*
monopolio *(m.)*	**monopole** *(m.)*
monopolio comercial	*monopole commercial*
monopolista *(m.)*	**monopoliste** *(m.)*
monte de piedad	**monts de piété**
mora *(f.)*	demeure *(f.)* retard *(m.)*
morosidad *(f.)*	**retard** *(m.)*
moroso *(a.)*	**négligent** *(a.)*
mostrador *(s.)*	**comptoir** *(m.)*
mover *(v. tr.e intr.)*	**mouvoir** *(v. tr.et intr.)*
movimiento *(m.)*	**mouvement** *(m.)*
movimientos de capital	*mouvement de capital*
mucho *(a.)*	**beaucoup** *(a.)*
multa *(f.)*	**amende** *(f.)*
multinacional *(a.)*	**multinational** *(a.)*
múltiple *(a.)*	**multiple** *(a.)*
multiplicación *(f.)*	**multiplication** *(f.)*
multiplicado *(a.)*	**multiplié** *(a.)*
multiplicador *(m.)*	**multiplicateur** *(m.)*
multiplicar *(v. tr.)*	**multiplier** *(v. tr.)*
mundial *(a.)*	**mondial** *(a.)*
mutuamente *(adv.)*	**mutuellement** *(adv.)*
mutuo *(a.)*	**mutuel** *(a.)*

mutuo consenso   *consentement mutuel*

nación

Español	Francés
nación *(f.)*	**nation** *(f.)*
nacional *(a.)*	**national** *(a.)*
nacionalización *(f.)*	**nationalisation** *(f.)*
nacionalizar *(v. tr.)*	**nationaliser** *(v. tr.)*
nadar en dinero	**nager dans l'argent**
necesario *(a.)*	**nécessaire** *(a.)*
necesidad *(f.)*	**nécessité** *(f.)*
negación *(f.)*	**négation** *(f.)*
negar el crédito	**refuser le crédit**
negativa *(f.)*	**négative** *(f.)*
negatorio *(a.)*	**négatoire** *(a.)*
negligencia *(f.)*	**négligence** *(f.)*
negociable *(a.)*	**négociable** *(a.)*
negociación *(f.)*	**négociation** *(f.)*
negociado *(a. y m.)*	**négocié** *(a.)* bureau *(m.)*
negociador *(s.)*	**négociateur** *(s.)*
negociar *(v. intr.)*	**négocier** *(v. intr.et tr.)*
negocio *(m.)*	**affaire** *(f.)*
neto *(a.)*	**net** *(a.)*
neutral *(a.)*	**neutre** *(a.)*
ninguno *(pron.)*	**aucun** *(pron.)*
nivel *(m.)*	**niveau** *(m.)*
nivel de cotizaciones	*niveau de cotisation*
nivel de precios	*niveau des prix*
nivelación *(f.)*	**nivelation** *(f.)*
nivelar *(v. tr.)*	**niveler** *(v. tr.)*
nombre comercial	**nom commercial**
nomenclatura *(f.)*	**nomenclature** *(f.)*

nominal *(a.)*	nominal *(a.)*
nominativo *(a.)*	nominatif *(a.)*
norma *(f.)*	norme *(f.)*
normal *(a.)*	normal *(a.)*
normalidad *(f.)*	normalité *(f.)*
normalizar *(v. tr.)*	normaliser *(v. tr.)*
normas *(f. pl.)*	normes *(f. pl.)*
normativa *(f.)*	normative *(f.)*
nota *(f.)*	note *(f.)*
nota de abono	*note d'abonnement*
nota de cargo	*note de débit*
nota de liquidación	*note de liquidation*
notaría *(f.)*	**étude de notaire**
notarial *(a.)*	notarial *(a.)*
noticia *(f.)*	nouvelle *(a.et f.)*
notificación *(f.)*	notification *(f.)*
notificar *(v. tr.)*	notifier *(v. tr.)*
notificar un protesto	*signifier un protêt*
nuevo *(a.)*	neuf *(a.)*
nulidad *(f.)*	nullité *(f.)*
nulo *(a.)*	nul *(a.)*
numerar *(v. tr.)*	numéroter *(v. tr.)*
número *(m.)*	numéro *(m.)*

objetivo

Español	Francés
objetivo *(a. y s.)*	**objectif** *(m. et a.)*
obligación *(f.)*	**obligation** *(f.)*
obligación a corto plazo	obligation à court terme
obligación al portador	obligation au porteur
obligación amortizable	obligation amortissable
obligación convertible	obligation convertible
obligación de pago	obligation de paiement
obligación garantizada	obligation garantie
obligación hipotecaria	obligation hypothécaire
~incondicional	obligation inconditionnelle
~mancomunada	obligation conjointe
~no amortizable	obligation non amortissable
obligación nominativa	obligation nominative
obligación perpetua	obligation perpétuelle
obligación preferente	obligation préfèrent
obligaciones *(f. pl.)*	**obligations** *(f. pl.)*
~a corto plazo	obligations à court terme
~convertibles	obligations convertibles
~del comprador	obligations de l'acheteur
~del vendedor	obligations du vendeur
~diferidas	obligations différées
~financieras	obligations financières
obligacionista *(m.y f.)*	**obligataire** *(m.et f.)*
obligado a pagar	**obligé à payer**
obligar *(v. tr.)*	**obliger** *(v. tr.)*
obligatorio *(a.)*	**obligatoire** *(a.)*
obrar *(v. tr.)*	**agir** *(v.intr.)*
obrar en calidad de	agir en qualité de
obstaculizar *(v. tr.)*	**entraver** *(v. tr.)*

obstruir *(v. tr.)*	entraver *(v. tr.)*
obtención *(f.)*	obtention *(f.)*
obtener *(v.tr.)*	obtenir *(v. tr.)*
obtener beneficios	*obtenir bénéfices*
obvio *(a.)*	évident *(a.)*
ocasión *(f.)*	occasion *(f.)*
ocasionar *(v. tr.)*	occasionner *(v. tr.)*
ocasionar gastos	*occasionner des frais*
ocasionar pérdidas	*occasionner des pertes*
ocultación *(f.)*	dissimulation
ocultación de beneficios	*~de bénéfices*
ocultamiento *(m.)*	dissimulation *(f.)*
ocurrir *(v. intr.)*	arriver *(v. intr.)*
oferta *(f.)*	offre *(f.)*
oferta a bajo precio	*dumping*
oferta del capital	*offre de capital*
oferta monetaria	*offre monétaire*
ofertar *(v. tr.)*	offrir *(v. tr.)*
oficial *(a.)*	officiel *(a.)*
oficina *(f.)*	bureau *(m.)*
oficina bancaria	*bureau bancaire*
oficina de cambio	*bureau de change*
oficinista *(m. f.)*	employé de bureau
oficiosa *(a.)*	officieuse *(a.)*
oficiosamente *(adv.)*	officieusement *(adv.)*
ofrecer *(v. tr.)*	offrir *(v. tr.)*
ofrecimiento *(m.)*	offre *(f.)*
olvidar *(v. tr.)*	oublier *(v. tr.)*
olvido *(m.)*	oubli *(m.)*
omisión *(f.)*	omission *(f.)*
oneroso *(a.)*	onéreux *(a.)*
opción *(f.)*	option *(f.)*
opción de compra	*option d'achat*

opcional *(a.)*	optionnel *(a.)*
operación *(f.)*	opération *(f.)*
operación a plazo	opération à terme
operación al contado	opération au comptant
operación bancaria	opération bancaire
operación bursátil	opération boursière
operación comercial	opération commerciale
operación de bolsa	opération de bourse
~de bolsa a plazo	~boursière à terme
operación de cambio	opération de change
~de compensación	~de compensation
operación de contado	opération au comptant
operación de crédito	opération de crédit
operación de descuento	opération d´escompte
operación en camino	opération en transit
operación invisible	opération invisible
operación respaldada	opération garantie
operación visible	opération visible
operaciones activas	opérations actives
operaciones bancarias	opérations bancaires
operaciones de crédito	opérations de crédit
~de depósito	opérations de dépôt
operar *(v. tr.)*	opérer *(v. tr.et intr.)*
operativo *(a.)*	opérant *(a.)*
opinar *(v. intr.)*	considérer *(v. tr.)*
opinión *(f.)*	opinion *(f.)*
oportunidad *(f.)*	occasion *(f.)*
optativo *(a.)*	optatif *(a.)*
optimismo *(m.)*	optimisme *(m.)*
óptimo *(a.)*	excellent *(a.)*
orden *(f.)*	ordre *(m.)*
orden bursátil	ordre boursier
orden de abono	ordre de crédit

orden de bolsa limitada	*ordre à cours limité*
orden de cobro	*ordre d'encaissement*
orden de giro	*mandat de virement*
orden de giro postal	*mandat postal*
orden de pago	*mandat de paiement*
orden limitada	*ordre limité*
ordenamiento *(m.)*	**ordonnance** *(f.)*
ordenar *(v. tr.)*	**ordonner** *(v. tr.)*
ordinaria *(a.)*	**ordinaire** *(a.)*
organismo *(m.)*	**organisme** *(m.)*
organización *(f.)*	**organisation** *(f.)*
organizar *(v. tr.)*	**organiser** *(v. tr.)*
orientación *(f.)*	**orientation** *(f.)*
orientar *(v. tr.)*	**orienter** *(v. tr.)*
origen *(m.)*	**origine** *(f.)*
original *(a. y s.)*	**original** *(m. et a.)*
oro *(m.)*	**or** *(m.)*
oscilación *(f.)*	**oscillation** *(f.)*
oscilación del mercado	*oscillation du marché*
oscilante *(p. a.)*	**oscillant** *(a.)*
oscilar *(v. intr.)*	**osciller** *(v. intr.)*
oscilatorio *(a.)*	**oscillatoire** *(a.)*
otorgar *(v. tr.)*	**octroyer** *(v. tr.)*
otorgar un contrato	*octroyer un contrat*
otorgar un crédito	*concéder un crédit*
otorgar un empréstito	*concéder un prêt*

haber

Español	Francés
haber *(m.)*	avoir *(m.)*
haberes *(m. pl.)*	émoluments *(m. pl.)*
habitual *(a.)*	habituel *(a.)*
hacer efectivo	payer *(v. intr.et tr.)*
hacer inventario	*faire l'inventaire*
hasta la fecha	jusqu'à présent
hipoteca *(f.)*	hypothèque *(f.)*
hipoteca amortizable	*hypothèque amortissable*
hipoteca garantizada	*hypothèque garantie*
hipoteca mobiliaria	*hypothèque mobilière*
hipotecable *(a.)*	hypothécable *(a.)*
hipotecado *(p. p. y a.)*	hypothéqué *(a.)*
hipotecar *(v. tr.)*	hypothéquer *(v. tr.)*
hipotecario *(a.)*	hypothécaire *(a.)*
hipótesis *(f.)*	hypothèse *(f.)*
holding *(m.)*	holding *(m.)*
honor *(m.)*	honneur *(m.)*
honorarios *(m. pl.)*	honoraires *(m.pl.)*
honra *(f.)*	honneur *(m.)*
honradez *(f.)*	honnêteté *(f.)*
honrado *(a.)*	honnête *(a.)*
hucha *(f.)*	tirelire **(f.)**
hundimiento *(m.)*	effondrement *(m.)*
hurto *(m.)*	larcin *(m.)*

Español	Francés
Español	*Francés*
identidad *(f.)*	**Identité** *(f.)*
identificar *(v. tr.)*	**identifier** *(v. tr.)*
igual *(a.)*	**égal** *(a.)*
igualación *(f.)*	**égalisation** *(f.)*
igualar *(v. tr.)*	**égaler** *(v.tr.)*
igualdad *(f)*	**égalité** *(f.)*
ilegal *(a.)*	**illégal** *(a.)*
ilegalidad *(f.)*	**illégalité** *(f.)*
ilegible *(a.)*	**illisible** *(a.)*
ilimitado *(a.)*	**illimité** *(a.)*
impagado *(a.)*	**impayé** *(a. et s)*
impagar *(v. tr.)*	**impayer** *(v. tr.)*
impago *(a. y m.)*	**impayé** *(a. et s.)*
impedimento *(m.)*	**empêchement** *(m.)*
impedir *(v. tr.)*	**empêcher** *(v. tr.)*
imponente *(a. y s.)*	**déposant** *(a. et s.)*
imponer *(v. tr.)*	**imposer** *(v. tr.)*
imponible *(a.)*	**imposable** *(a.)*
importación *(f.)*	**importation** *(f.)*
importador *(a. y s.)*	**importateur** *(s. et a.)*
importante *(a.)*	**important** *(a.)*
importar *(v. tr. e intr.)*	**importer** *(v. intr.et tr.)*
importe *(m.)*	**montant** *(m.)*
importe autorizado	*prix autorisé*
importe bruto	*montant brut*
importe líquido	*montant minimum*
importe máximo	*montant brut*
importe mínimo	*montant minimum*
importe neto	*montant net*

importe nominal	*montant nominal*
imposición *(f.)*	**versement** *(m.)*
imposición a la vista	*versement à vue*
imposición a plazo fijo	*dépôt à terme*
~ a vencimiento fijo	*versement à terme*
impositor *(a. y s.)*	**déposant** *(a. et s.)*
imprevisto *(a.)*	**imprévu** *(a.)*
improcedente *(a.)*	**inadmissible** *(a.)*
improductivo *(a.)*	**improductif** *(a.)*
imprudencia *(f.)*	**imprudence** *(f.)*
imprudente *(a.)*	**imprudent** *(a.)*
impuesto *(m.)*	**impôt** *(m.)*
impulsar *(v. tr.)*	pousser *(v.intr.et tr.)*
	promouvoir *(v. tr.)*
inactividad *(f.)*	**inactivité** *(f.)*
inactivo *(a.)*	**inactif** *(a.)*
inadecuado *(a.)*	**inadéquat** *(a.)*
inadmisible *(a.)*	**inadmissible** *(a.)*
incentivo *(m.)*	**stimulant** *(m.)*
incentivos *(m. pl.)*	**incentives** *(m. pl.)*
incidencia *(f.)*	**incidence** *(f.)*
incierto *(a.)*	**incertain** *(a.)*
incluir *(v. tr.)*	**inclure** *(v. tr.)*
incobrable *(a.)*	**irrécouvrable** *(a.)*
incondicional *(a.)*	**inconditionnel** *(a.)*
inconsecuente *(a.)*	**inconséquent** *(a.)*
inconsistencia *(f.)*	**inconsistance** *(f.)*
incontrolable *(a.)*	**incontrôlable** *(a.)*
incontrovertible *(a.)*	**indiscutable** *(a.)*
incorporado *(a.)*	**incorporé** *(a.)*
incorrecto *(a.)*	**incorrect** *(a.)*
incorriente *(a.)*	**non courant**
incorruptible *(a.)*	**incorruptible** *(a.)*

incorrupto (a.)	incorrompu (a.)
incoterms (m. pl.)	incoterms (m.)
incrementar (v. tr.)	augmenter (v.intr.et tr.)
incremento (m.)	augmentation (f.)
incremento de capital	*augmentation de capital*
incuestionable (a.)	incontestable (a.)
incumbencia (f.)	juridiction (f.)
incumplimiento	non-accomplissement
~ de obligaciones	*~d'obligations*
incumplimiento de pago	*non-exécution de paiement*
incumplir (v. tr.)	faillir (v. tr.)
indebidamente (adv.)	indûment (adv.)
indebido (a.)	indu (a.)
indeciso (a.)	indécis (a.)
indefinido (a.)	indéfini (a.)
indemnizable (a.)	indemnisable (a.)
indemnización (f.)	indemnisation (f.)
indemnizado (a.)	indemnisé (a.)
indemnizar (v. tr.)	indemniser (v. tr.)
indeterminado (a.)	indéterminé (a.)
indicadores (m.)	indicateurs (m.)
~económicos	*avertisseurs économiques*
indicar (v. tr.)	indiquer (v. tr.)
índice (m.)	index (m.)
índice bursátil	*indice boursier*
índice de precios	*indice de prix*
índice de producción	*indice de production*
índice dow Jones	*indice Dow Jones*
indirecto (a.)	indirect (a.)
indiscutible (a.)	indiscutable (a.)
indisoluble (a.)	indissoluble (a.)
indisponibilidad (f.)	indisponibilité (f.)
indistinto (a.)	indistinct (a.)

individualización *(f.)*	individualisation *(f.)*
individuo *(m.)*	individu *(m.)*
indomiciliación *(f.)*	indomiciliation *(f.)*
indudable *(a.)*	indubitable *(a.)*
industria *(f.)*	industrie *(f.)*
industrial *(a.)*	industriel *(a.)*
industrialización *(f.)*	industrialisation *(f.)*
ineficacia *(f.)*	inefficacité *(f.)*
inembargabilidad *(f.)*	insaisissabilité *(f.)*
inequívoco *(a.)*	indubitable *(a.)*
inercia *(f.)*	inertie *(f.)*
inesperado *(a.)*	inespéré *(a.)*
inestabilidad *(f.)*	instabilité *(f.)*
~económica	instabilité économique
inestimable *(a.)*	inestimable *(a.)*
inevitable *(a.)*	inévitable *(a.)*
inexacto *(a.)*	inexact *(a.)*
inexigible *(a.)*	inexigible *(a.)*
inexistente *(a.)*	inexistant *(a.)*
inexperiencia *(f.)*	inexpérience *(f.)*
infalsificable *(a.)*	infalsifiable *(a.)*
inferior *(a.)*	inférieur *(a.)*
inflación *(f.)*	inflation *(f.)*
inflación contenida	inflation réprimé
inflación de costes	inflation de coûts
inflación encubierta	inflation cachée
inflación estructural	inflation structurelle
inflación galopante	inflation galopante
inflación lenta	inflation lente
inflación moderada	inflation modérée
inflación monetaria	inflation monétaire
inflacionario *(a.)*	inflationniste *(a.)*
inflacionista *(a.)*	inflationniste *(a.)*

influir *(v. tr.)*	**influer** *(v. intr.)*
información *(f.)*	**information** *(f.)*
información económica	*information économique*
información favorable	*information favorable*
informador *(m.)*	**informateur** *(m.)*
informalidad *(f.)*	**manque de sérieux**
informar *(v. tr.)*	**informer** *(v. tr.et intr.)*
informática *(f.)*	**informatique** *(f.)*
informe *(m.)*	**rapport** *(m.)*
informe anual	*rapport annuel*
informe bursátil	*rapport boursier*
informe confidencial	*rapport confidentiel*
informe de auditoría	*rapport d´expert*
informe de mercados	*rapport de marketing*
informe financiero	*rapport financier*
informe pericial	*rapport d´expert*
informes de crédito	*rapports de crédit*
infraestructura *(f.)*	**infrastructure** *(f.)*
infrascrito *(a. y s.)*	**soussigné** *(a.)*
infravalorar *(v. tr.)*	**sous-évaluer** *(v. tr.)*
infrecuente *(a.)*	**inhabituel** *(a.)*
ingresar *(v. intr. y tr.)*	**déposer** *(v. tr.et intr.)*
ingresar dinero	*rentrer de l'argent*
ingreso *(m.)*	**recette** *(f.)*
ingreso en caja	*encaissement*
ingresos *(m. pl.)*	**recettes** *(f. pl.)*
ingresos brutos	*recettes brutes*
ingresos netos	*recettes nettes*
iniciación *(f.)*	**initiation** *(f.)*
iniciar *(v. tr.)*	**initier** *(v. tr.)*
iniciativa privada	**initiative privée**
inicio *(m.)*	**début** *(m.)*
inmovilización *(f.)*	**immobilisation** *(f.)*

About this book

AVANT - PROPOS

Avec plus de 4.000 mots et définitions mises à jour, ce lexique couvre les domaines de la banque et des marchés financiers mais aussi les aspects économiques européens et internationaux.

Par conséquent, ce travail se veut un élément de clarification conceptuelle et la précision de la terminologie utilisée dans la pratique quotidienne chaque jour plus grande et plus nombreuse.

Dans de nombreuses phrases nous avons introduit des synonimes qui faciliteront une meilleure compréhension de la parole désirée.

Nous souhaitons que ce dictionnaire soit un puissant instrument de conseils techniques satisfaisant les besoins de tous ceux qui travaillent dans le domaine économique,bancaire et boursier.

PRÓLOGO

Con más de 4000 palabras y definiciones actualizadas, este glosario no solamente cubre las áreas de banca y los mercados financieros, sino también de Europa y la economía internacional.

Por lo tanto, este trabajo será un elemento de claridad conceptual y precisión de la terminología utilizada en la práctica diaria, cada día mayor.

En muchas frases hemos introducido sinónimos para facilitar una mejor comprensión de la palabra deseada.

Esperamos que este diccionario sea una herramienta poderosa para las necesidades de todos los que trabajan en el sector del comercio, la banca y el mercado de valores.

pacto

Español	Francés
pacto (m.)	**pacte** (m.)
paga (f.)	**paie** (f.)
pagable (a.)	**payable** (a.)
pagadero (a.)	**payable** (a.)
pagadero a la orden	payable à l'ordre
pagadero a la vista	payable à vue
pagadero al contado	payable au comptant
pagadero al portador	payable au porteur
pagadero por cheque	payable par chèque
pagado (p. p.)	**payé** (a.)
pagador (a. y s.)	**payeur** (m. et a.)
pagador moroso	payeur mis en demeure
pagador puntual	payeur ponctuel
pagar (v. tr.)	**payer** (v. intr.et tr.)
pagar a cuenta	payer acompte
pagar a plazos	payer à terme
pagar adelantado	payer en avance
pagar al contado	payer au comptant
pagar con un cheque	payer par chèque
pagar en efectivo	payer en espèces
pagar por adelantado	payer en avance
pagar puntualmente	payer ponctuellement
pagar un anticipo	payer acompte
pagar un cheque	payer un chèque
pagar una letra	~une lettre de change
pagaré (m.)	**billet à l'ordre**
pagaré a la vista	billet à vue
página (f.)	**page** (f.)
pago (m.)	**paiement** (m.)

pago a cuenta	*paiement en acompte*
pago a la vista	*paiement à vue*
pago a plazo	*paiement à crédit*
pago a plazos	*paiement à terme*
pago a reembolso	*~ contre remboursement*
pago adelantado	*paiement anticipé*
pago adicional	*paiement additionnel*
pago al contado	*paiement comptant*
pago anticipado	*paiement anticipé*
pago aplazado	*paiement différé*
~contra documentos	*paiement contre documents*
pago de deudas	*paiement des dettes*
pago de intereses	*paiement d'intérêts*
pago de pensiones	*paiement de pensions*
pago de salarios	*paiement de salaires*
pago diferido	*paiement différé*
pago en efectivo	*paiement en espèces*
pago escalonado	*paiement échelonné*
pago fraccionado	*paiement fractionné*
pago inmediato	*paiement immédiat*
pago mensual	*paiement mensuel*
pago parcial	*paiement partial*
pago por adelantado	*paiement anticipé*
pago por anticipado	*paiement d'avance*
pago por cheque	*paiement par chèque*
~por crédito bancario	*~par crédit bancaire*
pago puntual	*paiement ponctuel*
pagos internacionales	*paiements internationaux*
país *(m.)*	**pays** *(m.)*
paliar *(v. tr.)*	**pallier** *(v. tr.)*
pánico *(m.)*	**panique** *(f.)*
panorama *(m.)*	**panorama** *(m.)*
papel *(m.)*	**papier** *(m.)*

papel bursátil	*papier boursier*
papel comercial	*papier commercial*
papel de colusión	*papier de collusion*
papel directo	*papier direct*
papel indirecto	*papier indirect*
papel moneda	*papier monnaie*
papel seudocomercial	*~pseudo commercial*
papeleo *(m.)*	**paperasserie** *(f.)*
paralización *(f.)*	**paralysie** *(f.)*
paralizar *(v. tr.)*	**paralyser** *(v. tr.)*
parar *(v. intr.)*	**arrêter** *(v. tr.et intr.)*
parcial *(a.)*	**partial** *(a.)*
paridad *(f.)*	**parité** *(f.)*
paridad fija	*parité fixe*
paridad monetaria	*parité monétaire*
paridad oro	*parité or*
paritario *(a.)*	**paritaire** *(a.)*
parquet *(m.)*	**parquet** *(m.)*
parte *(f.)*	**partie** *(f.)*
participación *(f.)*	**participation** *(f.)*
~en beneficios	*~aux bénéfices*
~en la sociedad	*~en société*
~ en los beneficios	*~aux bénéfices*
~extranjera	*~étrangère*
~mayoritaria	*~majoritaire*
participaciones *(f. pl.)*	**participations** *(f. pl.)*
participar *(v.tr.e intr.)*	**participer** *(v. intr.)*
partícipe *(s.)*	**participant** *(m. et a.)*
partida *(f.)*	**partie** *(f.)*
pasividad *(f.)*	**passivité** *(f.)*
pasivo *(m.)*	**passif** *(m.)*
pasivo a corto plazo	*passif à court terme*
pasivo a largo plazo	*passif à long terme*

pasivo acumulado	passif accumulé
pasivo circulante	passif circulant
pasivo consolidado	passif consolidé
pasivo corriente	passif courant
pasivo declarado	passif déclaré
pasivo exigible	passif exigible
pasivo fijo	passif immobilisé
pasivo real	passif réel
patrimonial *(a.)*	**patrimonial** *(a.)*
patrimonio *(m.)*	**patrimoine** *(m.)*
pedir *(v. tr.)*	**demander** *(v. tr.)*
pedir asesoramiento	demander conseil
pendiente de pago	**impayé** *(a. et s.)*
penuria *(f.)*	**pénurie** *(f.)*
pequeño *(a.)*	**petit** *(a.)*
percepción *(f.)*	**perception** *(f.)*
perceptor *(m.)*	**percepteur** *(m.)*
percibir *(v. tr.)*	**percevoir** *(v. tr.)*
perder *(v. tr. e intr.)*	**perdre** *(v. tr. et intr.)*
perder clientes	perdre des clients
perder la validez	perdre la validité
pérdida *(f.)*	**perte** *(f.)*
pérdida bruta	perte brute
pérdida contable	perte comptable
pérdida de capital	perte de capital
pérdida de confianza	perte de la confiance
pérdida de valor	perte de la valeur
pérdida directa	perte directe
pérdida efectiva	perte effective
pérdida financiera	perte financière
pérdida neta	perte nette
pérdida parcial	perte partielle
pérdida real	perte réelle

pérdida sensible	*perte sensible*
pérdida total	*perte totale*
pérdidas brutas	*pertes brutes*
pérdidas netas	*pertes nettes*
pérdidas y ganancias	*pertes et profits*
perfeccionar *(v. tr.)*	**perfectionner** *(v. tr.)*
perfil del consumidor	**profil du consommateur**
período base	**période base**
período contable	*période comptable*
período de carencia	*période de carence*
período de garantía	*période de garantie*
período de liquidación	*période de liquidation*
peritación *(f.)*	**expertise** *(f.)*
perito *(a. y s.)*	**expert** *(m. et a.)*
perjudicar *(v. tr.)*	**nuire** *(v. intr.)*
perjudicial *(a.)*	**préjudiciable** *(a.)*
perjuicio *(m.)*	**préjudice** *(m.)*
permisible *(a.)*	**autorisable** *(a.)*
permitir *(v. tr.)*	**permettre** *(v. tr.)*
permuta *(f.)*	**permutation** *(f.)*
permutar *(v. tr.)*	**permuter** *(v. tr.et intr.)*
perseguir *(v. tr.)*	**poursuivre** *(v. tr.)*
persona *(f.)*	**personne** *(f.)*
persona física	*personne physique*
persona jurídica	*personne juridique*
personal *(a. y m.)*	**personnel** *(a. et m.)*
personal auxiliar	*personnel auxiliaire*
personal de oficina	*personnel de bureau*
personarse *(v.pron.)*	**comparaître** *(v.intr.)*
perspectivas *(f. pl.)*	**perspectives** *(f. pl.)*
~*de crecimiento*	~ *d'accroissement*
pertenecer *(v. intr.)*	**appartenir** *(v. intr.)*
perteneciente *(p. a.)*	**appartenant** *(a.)*

pertenencia *(f.)*	**appartenance** *(f.)*
petición *(f.)*	**demande** *(f.)*
peticionario *(s.)*	**pétitionnaire** *(s.)*
petrodólar *(m.)*	**pétrodollar** *(m.)*
pignoración *(f.)*	**nantissement** *(m.)*
pignorado *(p. p.)*	**nanti** *(a.)*
pignorar *(v. tr.)*	**nantir** *(v.tr.)*
pignoraticio *(a.)*	**nanti** *(a.)*
plan *(m.)*	**plan** *(m.)*
plan de amortización	*plan d'amortissement*
plan de financiación	*plan financier*
plan de inversión	*plan d'investissement*
plan de pago	*plan de paiement*
plan de pensiones	*plan de retraites*
plan financiero	*plan financier*
planificación *(f.)*	**planification** *(f.)*
~a corto plazo	*~à court terme*
~a largo plazo	*~à long terme*
~económica	*~économique*
~financiera	*~financière*
planificado *(p. p.)*	**planifié** *(a.)*
planificar *(v. tr.)*	**planifier** *(v. tr.)*
planteamiento *(m.)*	**exposé** *(a.et m.)*
plantilla del personal	**rôle du personnel**
plaza *(f.)*	**place** *(f.)*
plazo cumplido *(m.)*	**échéance** *(f.)*
plazo de aceptación	*délai d'acceptation*
plazo de amortización	*délai d'amortissement*
plazo de caducidad	*délai de forclusion*
plazo de garantía	*délai de garantie*
plazo de pago	*délai de paiement*
plazo de preaviso	*délai de préavis*
plazo de suscripción	*terme de souscription*

plazo de vencimiento	échéance
plazo final	délai final
plazo límite	délai limite
pluralidad *(f.)*	**pluralité** *(f.)*
plusvalía *(f.)*	**plus-value** *(f.)*
plusvalía de capital	plus-value de capital
poco *(a./adv.)*	**peu** *(a./adv.)*
poder *(m.)*	**pouvoir** *(m.)*
~de representación	pouvoir de représentation
poderdante *(m. y f.)*	**commettant** *(m.)*
poderes *(m.pl.)*	**pouvoirs** *(m.pl.)*
política *(f.)*	**politique** *(a.et s.)*
política crediticia	politique de crédit
política a corto plazo	politique à court terme
política a largo plazo	politique à long terme
política de empresa	politique de l'entreprise
política de reactivación	politique de réactivation
política financiera	politique financière
política monetaria	politique de prix
póliza *(f.)*	**pólice** *(f.)*
póliza caducada	police d'assurance déchue
póliza de reaseguro	police de réassurance
póliza de seguro	police d'assurance
ponderación *(f.)*	**pondération** *(f.)*
ponderado *(p. p.)*	**pondéré** *(a.)*
ponderar *(v. tr.)*	**pondérer** *(v. tr.)*
poner al día	**mettre au jour**
poner su firma	**apposer sa signature**
pool de oro	**pool d'or**
por cuenta de . . .	**pour le compte de...**
por el valor	**pour la valeur**
por unanimidad	**à l'unanimité**
porcentaje *(m.)*	**pourcentage** *(m.)*

pormenorizado *(a.)*	**détaillé** *(a.)*
pormenorizar *(v. tr.)*	**raconter en détail**
portador *(a. y s.)*	**porteur** *(m. et a.)*
poseedor *(m.)*	**possesseur** *(m.)*
poseedor de acciones	*détenteur d'actions*
poseedor de buena fe	*possesseur de bonne foi*
poseedor de mala fe	*~de mauvaise foi*
poseer *(v. tr.)*	**posséder** *(v. tr.)*
posesión *(f.)*	**possession** *(f.)*
~de bienes raíces	*~de biens fond*
posesiones *(f. pl.)*	**possessions** *(f. pl.)*
posibilidad *(f.)*	**possibilité** *(f.)*
posición *(f.)*	**position** *(f.)*
posición acreedora	*position de crédit*
posición deudora	*position débitrice*
positivo *(a.)*	**positif** *(a.)*
posponer *(v. tr.)*	**subordonner** *(v. tr.)*
postergar *(v. tr.)*	**ajourner** *(v. tr.)*
posterior *(a.)*	**postérieur** *(a.)*
postura *(f.)*	**position** *(f.)*
potencial *(a.)*	**potentiel** *(a.)*
potencial económico	*potentiel économique*
potestad *(f.)*	**pouvoir** *(m.)*
preaviso *(m.)*	**préavis** *(m.)*
precariedad *(f.)*	**précarité** *(f.)*
precario *(a)*	**précaire** *(a.)*
precaución *(f.)*	**précaution** *(f.)*
precavido *(a.)*	**précautionneux** *(a.)*
precio *(m.)*	**prix** *(m.)*
precio actual	*prix actuel*
precio al contado	*prix au comptant*
precio alto	*prix exagéré*
precio aproximado	*prix approximatif*

precio astronómico	prix astronomique
precio base	prix de basse
precio contable	prix comptable
precio convenido	prix convenu
precio de adquisición	prix d'achat
precio de compra	prix d'achat
precio de coste	prix de coût
precio de liquidación	prix de liquidation
precio de mercado	prix de marché
precio de oferta	prix d'offre
precio de salida	prix de sortie
precio de venta	prix de vente
precio del día	prix du jour
precio del mercado	prix du marché
precio demasiado alto	prix abusif
precio demasiado bajo	prix trop bas
precio en baja	prix à la basse
precio excesivo	prix excessif
precio exorbitante	prix exorbitant
precio favorable	prix favorable
precio fijado	prix fixe
precio fijo	
precio garantizado	prix garanti
precio global	prix global
precio indicativo	prix indicatif
precio justo	prix juste
precio límite	prix limite
precio marcado	prix marqué
precio máximo	prix maximum
precio medio	prix moyen
precio mínimo	prix minimum
precio módico	prix modique
precio neto	prix net

precio nominal	*prix nominal*
precio oficial	*prix officiel*
precio ofrecido	*prix proposé*
precio pagado	*prix payé*
precio razonable	*prix raisonnable*
precio real	*prix réel*
precio rentable	*prix rentable*
precio ruinoso	*prix ruineux*
precio tope	*prix final*
precio total	*prix total*
precio último	*dernier prix*
precio unitario	*prix unitaire*
precio variable	*prix variable*
precio ventajoso	*prix avantageux*
precio vigente	*prix en vigueur*
precisión *(f.)*	**précision** *(f.)*
predecir *(v. tr.)*	**prédire** *(v. tr.)*
predicción *(f.)*	**prédiction** *(f.)*
predominante *(p. a.)*	**prédominant** *(a.)*
predominar *(v. tr.)*	**prédominer** *(v. intr.)*
predominio *(m.)*	**prédominance** *(f.)*
preferencia *(f.)*	**préférence** *(f.)*
preferencial *(p. a.)*	**préférentiel** *(a.)*
prefinanciación *(f.)*	**préfinancement** *(m.)*
pregunta *(f.)*	**question** *(f.)*
preguntar *(v. tr.)*	**questionner** *(v. tr.)*
prelación de créditos	**ordre des créances**
prenda *(f.)*	**gage** *(m.)*
prendador *(m.)*	**gagiste** *(m.et a.)*
prendario *(a.)*	**gagiste** *(m.et a.)*
preparar *(v. tr.)*	**préparer** *(v. tr.)*
prescribir *(v. tr.)*	**prescrire** *(v. tr.et intr.)*
prescrito *(p. p.)*	**prescrit** *(a.)*

presentar *(v. tr.)*	**présenter** *(v. tr.)*
~a la aceptación	~à l'acceptation
~a la firma	~à la signature
~al cobro	~à l'encaissement
~al descuento	~à l'escompte
~una reclamación	~une réclamation
presidente *(m.)*	**président** *(m.)*
presidir *(v. tr.)*	**présider** *(v. intr.et tr.)*
presión *(f.)*	**pression** *(f.)*
presión fiscal	pression fiscale
prestación de fianza	**octroi d'une garantie**
prestado *(p. p.)*	**prêté** *(a.)*
prestador *(m.)*	**prêteur** *(s.)*
prestamista *(m. y f.)*	**prêteur** *(s.)*
préstamo *(m.)*	**prêt** *(m.)*
préstamo a corto	prêt à court terme
préstamo a largo plazo	prêt à long terme
préstamo a plazo	prêt à terme
préstamo bancario	prêt bancaire
préstamo con garantía	prêt garanti
préstamo de dinero	prêt d'argent
préstamo de un día	prêt à un jour
préstamo en divisas	prêt en devises
préstamo hipotecario	prêt hypothécaire
préstamo personal	prêt personnel
préstamo sin garantía	prêt sans garantie
préstamo sin interés	prêt sans intérêt
préstamo sindicado	prêt syndiqué
prestar *(v. tr.)*	**prêter** *(v. tr.et intr.)*
prestar ayuda	prêter main-forte
prestar caución	cautionner
prestar dinero	prêter de l'argent
prestatario *(m.)*	**emprunteur** *(m.)*

prestigio (m.)	**prestige** (m.)
presupuestal (a.)	**budgétaire** (a.)
presupuestario (a.)	**budgétaire** (a.)
presupuesto (m.)	**budget** (m.)
presupuesto de caja	*budget de caisse*
presupuesto de capital	*budget de capital*
~de tesorería	*budget de trésorerie*
presupuesto financiero	*budget financier*
pretensión (f.)	**prétention** (f.)
prevenir (v. tr.)	**prévenir** (v. tr.)
prever (v. tr.)	**prévoir** (v. tr.)
previa (a.)	**préalable** (a.)
previsión (f.)	**prévision** (f.)
previsión a corto plazo	*prévision à court terme*
previsión a largo plazo	*prévision à long terme*
previsión a plazo medio	*prévision à moyen terme*
previsor (a.)	**prévoyant** (a.)
previsto (p. p. irr.)	**prévu** (a.)
prima (f.)	**prime** (f.)
prima anual	*prime annuelle*
prima bruta	*prime brute*
prima de amortización	*prime d´amortissement*
prima de emisión	*prime d´émission*
prima devengada	*prime payée*
prima única	*prime unique*
primer pago	**premier paiement**
primero (a.)	**premier** (a.)
primordial (a.)	**primordial** (a.)
principal (a. y s.)	**principal** (a. et s.)
principalmente (adv.)	**principalement** (adv.)
prioridad (f.)	**priorité** (f.)
prioritario (a.)	**prioritaire** (a.)
privatización (f.)	**privatisation** (f.)

privatizar *(v. tr.)*	privatiser *(v. tr.)*
privilegiado *(a. y p. p.)*	privilégié *(a.)*
privilegio *(m.)*	privilège *(m.)*
probabilidad *(f.)*	probabilité *(f.)*
probable *(a.)*	probable *(a.)*
problema *(m.)*	problème *(m.)*
problema económico	*problème économique*
procedencia *(f.)*	origine *(f.)*
proceder *(v. intr.)*	procéder *(v. intr.)*
proclamación *(f.)*	proclamation *(f.)*
proclamar *(v. tr.)*	proclamer *(v. tr.)*
producción anual	production annuelle
producido *(p. p.)*	produit *(m.et a.)*
producir *(v. tr.)*	produire *(v. tr.et intr.)*
producir interés	*produire des intérêts*
productividad *(f.)*	productivité *(f.)*
productivo *(a.)*	productif *(a.)*
producto *(m.)*	produit *(m.et a.)*
productor *(m.)*	producteur *(m.)*
profesional *(a.)*	professionnel *(a.)*
profundizar *(v. tr.)*	approfondir *(v. tr.)*
profundo *(a.)*	profonde *(a.)*
programa *(m.)*	programme *(m.)*
programa económico	*programme économique*
programación *(f.)*	programmation *(f.)*
programado *(a. y p.p.)*	programmé *(a.)*
programar *(v. tr.)*	programmer *(v.tr.et intr.)*
progresión *(f.)*	progression *(f.)*
progresiva *(a.)*	progressive *(a.)*
progresividad *(f.)*	progressivité *(f.)*
progresivo *(a.)*	progressif *(a.)*
progreso *(m.)*	progrès *(m.)*
prohibición *(f.)*	prohibition *(f.)*

prohibido *(p.p. y a.)*	interdit *(m.et a.)*
prohibir *(v. tr.)*	interdire *(v. tr.)*
prohibitivo *(a.)*	prohibitif *(a.)*
prolongación *(f.)*	prolongation *(f.)*
prolongar *(v. tr.)*	prolonger *(v. tr.)*
prolongar el pago	*prolonger le paiement*
promedio *(m.)*	moyenne *(f.)*
promesa *(f.)*	promesse *(f.)*
promesa de pago	*promesse de paiement*
promesa formal	*promesse formelle*
prometedor *(a.)*	prometteur *(a.)*
prometer *(v. tr.)*	promettre *(v.intr.et tr.)*
promover *(v. tr.)*	promouvoir *(v. tr.)*
promulgación *(f.)*	promulgation *(f.)*
promulgado *(a.)*	promulgué *(a.)*
promulgar *(v. tr.)*	promulguer *(v. tr.)*
pronóstico *(m.)*	pronostic *(m.)*
pronóstico del mercado	*prévisions du marché*
pronto *(a.)*	prompt *(a.)*
propiedad *(f.)*	propriété *(f.)*
propietario *(m.)*	propriétaire *(s.)*
proponer *(v. tr.)*	proposer *(v. intr.et tr.)*
proporción *(f.)*	proportion *(f.)*
proporcional *(a.)*	proportionnel *(a.)*
proporcionalidad *(f.)*	proportionnalité *(f.)*
proporcionar *(v. tr.)*	proportionner *(v. tr.)*
proposición *(f.)*	proposition *(f.)*
propósito *(m.)*	intention *(f.)*
propuesta *(f.)*	proposition *(f.)*
prorratear *(v. tr.)*	partager au prorata
prorrateo *(m.)*	partage au prorata
prórroga *(f.)*	prorogation *(f.)*
prórroga de pago	*prorogation de paiement*

prórroga forzosa	*prorogation forcée*
prorrogar *(v. tr.)*	**proroger** *(v.tr.)*
prorrogar la validez	*prolonger la validité*
prorrogar un acuerdo	*prolonger un accord*
prorrogar un plazo	*extension d'un délai*
prorrogar una letra	*~ un effet de commerce*
proseguir *(v. tr.)*	**poursuivre** *(v. tr.)*
prospecto *(m.)*	**brochure** *(f.)*
~de propaganda	*brochure de propagande*
prosperar *(v.tr. e intr.)*	**prospérer** *(v.intr.)*
prosperidad *(f.)*	**prospérité** *(f.)*
protección *(f.)*	**protection** *(f.)*
proteccionismo *(m.)*	**protectionnisme** *(m.)*
proteccionista *(s.)*	**protectionniste** *(s.)*
proteger *(v. tr.)*	**protéger** *(v. tr.)*
protesta *(f.)*	**protestation** *(f.)*
protestar *(v. tr.)*	**protester** *(v. intr.)*
protesto *(m.)*	**protêt** *(m.)*
~por falta de pago	*protêt faute de paiement*
protocolo *(m.)*	**protocole** *(m.)*
provecho *(m.)*	**profit** *(m.)*
provisión *(f.)*	**provision** *(f.)*
provisión de fondos	*provision d´argent*
provisional *(a.)*	**provisionnel** *(a.)*
proyección *(f.)*	**projection** *(f.)*
prudencia *(f.)*	**prudence** *(f.)*
prudente *(a.)*	**prudent** *(a.)*
prudentemente *(adv.)*	**prudemment** *(adv.)*
prueba *(f.)*	**preuve** *(f.)*
pública *(a.)*	**publique** *(a.)*
publicación *(f.)*	**publication** *(f.)*
publicado *(a.)*	**publié** *(a.)*
públicamente *(adv.)*	**publiquement** *(adv.)*

publicar *(v. tr.)*	**publier** *(v. tr.)*
publicidad *(f.)*	**publicité** *(f.)*
publicidad directa	*publicité directe*
publicidad en prensa	*publicité en presse*
publicidad engañosa	*publicité trompeuse*
publicidad exterior	*publicité extérieure*
publicidad radiofónica	*publicité radiophonique*
público *(a.)*	**public** *(a.)*
puntear *(v. tr.e intr.)*	**pointer** *(v. tr.et intr.)*
punteo *(m.)*	**pointage** *(m.)*
puntual *(a.)*	**ponctuel** *(a.)*

quebrantamiento

Español	Francés
quebrantamiento *(m.)*	**effraction** *(f.)*
quebrantar *(v. tr.)*	**casser** *(v. tr.et intr.)*
quebranto *(m.)*	**perte** *(f.)*
quebrar *(v. tr.)*	**faire faillite**
queja *(f.)*	**plainte** *(f.)*
quiebra *(f.)*	**faillite** *(f.)*
quiebra bancaria	*faillite bancaire*
quiebra fraudulenta	*faillite frauduleuse*
quincenal *(a.)*	**bimensuel** *(a.)*

rápidamente

Español	Francés
Español	*Francés*

rápidamente (adv.)   rapidement (adv.)

rapidez (f.)   rapidité (f.)

rápido (a.)   rapide (a.)

raspadura (f.)   rature (f.)

ratificación (f.)   ratification (f.)

ratificar (v. tr.)   ratifier (v. tr.)

ratio (m.)   ratio (m.)

ratio de activo neto   *ratio d'actif net*

ratio de capital   *ratio de capital*

ratio de efectivo   *ratio d'espèce*

ratio de liquidez   *ratio de liquidité*

razonable (a.)   raisonnable (a.)

razonamiento (m.)   raisonnement (m.)

razonar (v. tr. e intr.)   raisonner (v. tr. et intr.)

reacción (f.)   réaction (f.)

reactivación (f.)   réactivation (f.)

readmisión (f.)   réadmission (f.)

readmitir (v. tr.)   réadmettre (v. tr.)

reajustar (v. tr.)   réajuster (v. tr.)

reajustar los precios   *réajuster les prix*

reajuste (m.)   réajustement (m.)

real (a.)   réel (a.)

realidad (f.)   réalité (f.)

realista (a.)   réaliste (a.)

realizable (a.)   réalisable (a.)

realización (f.)   réalisation (f.)

~de plusvalías   *~de plus-values*

realizado (p. p.)   réalisé (a.)

realizar (v. tr.)   réaliser (v. tr.)

realizar beneficios	*réaliser des bénéfices*
realizar un pago	*effectuer un paiement*
realizar una operación	*réaliser une opération*
reanimar *(v. tr.)*	**ranimer** *(v. tr.)*
reanudación *(f.)*	**reprise** *(f.)*
reanudar *(v. tr.)*	**reprendre** *(v. tr.et intr.)*
reanudar el pago	*reprendre le paiement*
reavivar *(v. tr.)*	**raviver** *(v. tr.)*
rebaja *(f.)*	**réduction** *(f.)*
rebajar *(v. tr.)*	**abaisser** *(v. tr.)*
rebajar los precios	*rabattre du prix*
rebasar *(v. tr.e intr.)*	**dépasser** *(v.tr.et intr.)*
recalcar *(v. tr.)*	**souligner** *(v.tr.)*
recaudación *(f.)*	**recette** *(f.)*
recaudar *(v. tr.)*	**percevoir** *(v. tr.)*
recaudatorio *(a.)*	**contributif** *(a.)*
recepción *(f.)*	**réception** *(f.)*
receptor *(m.)*	**récepteur** *(m.)*
recesión *(f.)*	**récession** *(f.)*
rechazar *(v. tr.)*	**refuser** *(v. tr.et intr.)*
recibido *(p. p.)*	**reçu** *(m.)*
recibir *(v. tr.)*	**recevoir** *(v. tr.et intr.)*
recibir un anticipo	*recevoir une avance*
recibo *(m.)*	**reçu** *(m.)*
recibo provisional	*reçu provisionnel*
recientemente *(adv.)*	**récemment** *(adv.)*
reciprocidad *(f.)*	**réciprocité** *(f.)*
recíproco *(a.)*	**réciproque** *(a.)*
reclamación *(f.)*	**réclamation** *(f.)*
reclamación del pago	*réclamation du paiement*
reclamado *(p. p. y a.)*	**réclamé** *(a.)*
reclamar *(v. intr.)*	**réclamer** *(v. tr.et intr.)*
reclamar a alguien	*réclamer à quelqu'un*

reclamar el pago	*réclamer le paiement*
reclamar una deuda	*réclamer une dette*
recobrar *(v. tr.)*	**recouvrer** *(v. tr.)*
recobro *(m.)*	**recouvrement** *(m.)*
recomendable *(a.)*	**recommandable** *(a.)*
recomendación *(f.)*	**recommandation** *(f.)*
recomendado *(m.)*	**recommandé** *(a.)*
recomendar (v.tr.irreg.)	**recommander** *(v. tr.)*
recompra *(f.)*	**acheter de nouveau**
reconocimiento de deuda	**reconnaissance de dette**
~de firma	*~de signature*
reconsiderar *(v. tr.)*	**reconsidérer** *(v. tr.)*
rectificación *(f.)*	**rectification** *(f.)*
rectificado *(a.)*	**rectifié** *(a.)*
rectificar *(v. tr.e intr.)*	**rectifier** *(v. tr)*
rectificar en alza	*rectifier à la hausse*
rectitud *(f.)*	**rectitude** *(f.)*
recuperable *(a.)*	**recouvrable** *(a.)*
recuperación *(f.)*	**recouvrement** *(m.)*
~económica	*reprise économique*
recuperado *(p. p.)*	**récupéré** *(a.)*
recuperar *(v. tr.)*	**récupérer** *(v. tr.)*
recurrir *(v. intr.)*	**appeler** *(v. tr.)*
recurrir al avalista	*recourir au garant*
recursos ajenos	**ressources externes**
recursos económicos	*recours économiques*
recursos propios	*ressources propres*
redactar *(v. tr.)*	**rédiger** *(v. tr.)*
redescuento *(m.)*	**réescompte** *(f.)*
rédito *(m.)*	intérêt *(m.)* revenu *(m.)*
redondear *(v. tr.)*	**arrondir** *(v. tr.)*
redondeo *(m.)*	**arrondi** *(m.)*

reducción *(f.)*	**réduction** *(f.)*
reducción de capital	*réduction de capital*
reducción de ingresos	*réduction de recettes*
reducción de precios	*réduction des prix*
~del capital social	*~du capital social*
reducción del precio	*réduction du prix*
~ del tipo de descuento	*~ du taux d'escompte*
reducido *(p. p. y a)*	**réduit** *(a.)*
reducir *(v. tr.)*	**réduire** *(v. tr.)*
reducir el capital social	*réduire le capital social*
reducir el tipo de interés	*réduire le taux d'intérêt*
reducir un crédito	*réduire un crédit*
reembolsable *(a.)*	**remboursable** *(a.)*
reembolso *(m.)*	**remboursement** *(m.)*
referencias *(f. pl.)*	**références** *(f. pl.)*
referencias bancarias	*références bancaires*
referencias comerciales	*références commerciales*
refrendar *(v. tr.)*	**ratifier** *(v. tr.)*
refrendo *(m.)*	**contreseing** *(m.)*
refugio *(m.)*	**refuge** *(m.)*
régimen *(m.)*	**régime** *(m.)*
régimen de mercado	*régime du marché*
régimen económico	*régime économique*
registrado *(a. y p. p.)*	**enregistré** *(a.)*
registrador *(m.)*	**conservateur** *(a. et m.)*
registrar *(v. tr.)*	**enregistrer** *(v. tr.)*
registro *(m.)*	**registre** *(m.)*
registro de acciones	*registre d´actions*
registro de comercio	*registre du commerce*
registro mercantil	*registre du commerce*
regla *(f.)*	**règle** *(f.)*
reglamentación *(f.)*	**réglementation** *(f.)*
reglamentar *(v. tr.)*	**réglementer** *(v. tr.)*

reglamentaria *(a.)*	**réglementaire** *(a.)*
reglamento *(m.)*	**règlement** *(m.)*
regulación *(f.)*	**régulation** *(f.)*
regulación de precios	*régulation des prix*
regulación del cambio	*régulation du change*
regulación del mercado	*régulation du marché*
regular *(v. tr.)*	**régler** *(v. tr.)*
regularización *(f.)*	**régularisation** *(f.)*
~de balances	*régularisation de bilans*
regularizar *(v. tr.)*	**régulariser** *(v. tr.)*
rehusar condiciones	**refuser les conditions**
rehusar el pago	*refuser le paiement*
reintegrable *(a.)*	**réintégrable** *(a.)*
reintegro *(m.)*	**remboursement** *(m.)*
reinversión *(f.)*	**réinvestissement** *(m.)*
reinvertir *(v. tr.)*	**réinvestir** *(v. tr.)*
reivindicación *(f.)*	**revendication** *(f.)*
reivindicar *(v. tr.)*	**revendiquer** *(v. tr.)*
relación *(f.)*	**relation** *(f.)*
relación bancaria	*relation bancaire*
relación de acreedores	*relation de créanciers*
relajación *(f.)*	**relâchement** *(m.)*
relajamiento *(m.)*	**décontraction** *(f.)*
relajar *(v. tr.)*	**relâcher** *(v. tr.et intr.)*
relevante *(a.)*	*relevant (a.)*
	remarquable (a.)
relevar *(v. tr.)*	**relever** *(v. tr.)*
remanente *(m.)*	**reliquat** *(m.)*
rembolsar *(v. tr.)*	**rembourser** *(v. tr.)*
remediar *(v. tr.)*	**remédier** *(v. intr.)*
remedio *(m.)*	**remède** *(m.)*
remesa *(f.)*	**remise** *(f.)*
remesa de fondos	*remise de fonds*

remesa documentaria	*remise documentaire*
remesa simple	*remise simple*
remesar *(v. tr.)*	**expédier** *(v.tr.)*
remitente *(p. a.)*	**expéditeur** *(m.)*
remitir *(v. tr.e intr.)*	**envoyer** *(v. tr.)*
remuneración *(f.)*	**rémunération** *(f.)*
~*en efectivo*	~*en espèces*
remunerar *(v. tr.)*	**rémunérer** *(v. tr.)*
rendición de cuentas	**reddition de comptes**
rendimiento *(m.)*	**rendement** *(m.)*
rendimiento anual	*rendement annuel*
rendimiento bruto	*rendement brut*
rendimiento de base	*rendement de base*
rendimiento del capital	*rendement du capital*
rendimiento en efectivo	*rendement en espèces*
rendimiento medio	*rendement moyen*
rendimiento neto	*rendement net*
rendir cuentas	**rendre compte**
renegociable *(a.)*	**renégociable** *(a.)*
renegociación *(f.)*	**renégociation** *(f.)*
renovable *(a.)*	**renouvelable** *(a.)*
renovación *(f.)*	**renouvellement** *(m.)*
renovación de contrato	*renouvellement du contrat*
renovado *(p. p. y a.)*	**renouvelé** *(a.)*
renovar *(v. tr.)*	**renouveler** *(v. tr.)*
renta *(f.)*	**revenu** *(m.)*
renta diferencial	*revenu différentiel*
renta económica	*revenu économique*
renta fija	*revenu fixe*
renta vitalicia	*rente viagère*
rentabilidad *(f.)*	**rentabilité** *(f.)*
rentabilidad neta	*rentabilité nette*
rentable *(a.)*	**rentable** *(a.)*

rentista *(m. y f.)*	rentier *(m.)*
repartición *(f.)*	répartition *(f.)*
repartir *(v. tr.)*	répartir *(v. tr.)*
repartir acciones	*répartir des actions*
reparto *(m.)*	répartition *(f.)*
repercusión *(f.)*	répercussion *(f.)*
repercutir *(v. intr.y tr.)*	répercuter *(v. tr.)*
repetición *(f.)*	répétition *(f.)*
replanteamiento *(m.)*	remise en oeuvre
reponer *(v. tr.)*	remettre *(v. tr.)*
representación *(f.)*	représentation *(f.)*
reprivatización *(f.)*	réprivatisation *(f.)*
reprobación *(f.)*	réprobation *(f.)*
requerimiento *(m.)*	requête *(f.)*
requerimiento al pago	*réquisition du paiement*
resarcimiento *(m.)*	indemnisation *(f.)*
resarcir *(v. tr.)*	indemniser *(v. tr.)*
rescate *(m.)*	rachat *(m.)*
reserva consolidada	réserve consolidée
reserva de dinero	*réserve d'argent*
reserva de divisas	*réserve de devises*
reserva de efectivo	*réserve d'espèces*
reserva de oro	*réserve-or*
reserva legal	*réserve légale*
reserva obligatoria	*réserve obligatoire*
reserva oculta	*réserve occulte*
~ para eventualidades	*réserve pour éventualités*
reservar *(v. tr.)*	réserver *(v. tr.)*
reservas *(f.pl.)*	réserves *(f.pl.)*
reservas bancarias	*réserves bancaires*
~en moneda extranjera	*~ en monnaie étrangère*
reservas estatutarias	*réserves statutaires*
reservas legales	*réserves légales*

reservas obligatorias	*réserves obligatoires*
~tácitas u ocultas	*réserves latentes*
resguardo *(m.)*	**récépissé** *(m.)*
resguardo de depósito	*récépissé de dépôt*
resguardo de entrega	*récépissé de livraison*
resguardo de valores	*reçu de valeurs*
resguardo provisional	*reçu provisoire*
residencia *(f.)*	**résidence** *(f.)*
residente *(s.)*	**résident** *(m.)*
residir *(v. intr.)*	**résider** *(v. intr.)*
residual *(a.)*	**résiduel** *(a.)*
residuo *(m.)*	**résidu** *(m.)*
resolución *(f.)*	**résolution** *(f.)*
resolver *(v. tr.)*	**résoudre** *(v. tr.)*
respaldar *(v. tr.)*	**appuyer** *(v. tr.)*
respaldo *(m.)*	**dos** *(m.)*
respetar *(v. tr.e intr.)*	**respecter** *(v. tr.)*
~el plazo de entrega	*~ le délai de livraison*
respetuoso *(a.)*	**respectueux** *(a.)*
respiro *(m.)*	**respiration** *(f.)*
responsabilidad *(f.)*	**responsabilité** *(f.)*
~económica	*~économique*
~ilimitada	*~illimitée*
~legal	*~légale*
~solidaria	*~solidaire*
responsable *(a.)*	**responsable** *(a.)*
respuesta *(f.)*	**réponse** *(f.)*
restablecimiento *(m.)*	**rétablissement** *(m.)*
restar *(v. tr.)*	**soustraire** *(v. tr.)*
restituible *(a.)*	**restituable** *(a.)*
resultados *(m. pl.)*	**résultats** *(m. pl.)*
resumen *(m.)*	**résumé** *(m.)*
resumir *(v. tr.)*	**résumer** *(v. tr.)*

retardar *(v. tr.)*	**retarder** *(v.intr.et tr.)*
retardar el pago	*retarder le paiement*
retención *(f.)*	**rétention** *(f.)*
retener *(v. tr.irreg.)*	**retenir** *(v.tr. et intr.)*
retirar *(v. tr.)*	**retirer** *(v. tr.)*
retirar dinero	*retirer de l'argent*
retrasado *(a. y s.)*	**retardataire** *(a.)*
retrasar *(v. tr.)*	**retarder** *(v.intr.et tr.)*
retraso en el pago	**retard dans le paiement**
retribuciones *(f.pl.)*	**rétributions** *(f.pl.)*
retribuido *(p. p.)*	**rétribué** *(a.)*
retribuir *(v. tr.)*	**rétribuer** *(v. tr.)*
retroactivo *(a.)*	**rétroactif** *(a.)*
revalorización *(f.)*	**revalorisation** *(f.)*
revalorizado *(p. p.)*	**revalorisé** *(a.)*
revalorizar *(v. tr.)*	**revaloriser** *(v. tr.)*
revalorizar una moneda	*revaloriser une monnaie*
revaluación *(f.)*	**réévaluation** *(f.)*
revaluado *(p. p.)*	**réévalué** *(a.)*
revisado *(p. p.)*	**révisé** *(a.)*
revisar *(v. tr.)*	**réviser** *(v. tr.)*
revisar una cuenta	*réviser un compte*
revisión *(f.)*	**révision** *(f.)*
revisión general	*révision générale*
revocabilidad *(f.)*	**révocabilité** *(f.)*
revocable *(a.)*	**révocable** *(a.)*
revocación *(f.)*	**rétractation** *(f.)*
~de un contrato	*révocation d'un contrat*
rico *(a.)*	**riche** *(a.)*
riesgo *(m.)*	**risque** *(m.)*
riesgo de cambio	*risque de change*
riesgo de crédito	*risque de crédit*
riesgo económico	*risque économique*

riesgo en curso	*risque en cours*
riesgo financiero	*risque financier*
rigidez *(f.)*	**rigidité** *(f.)*
rígido *(a.)*	**rigide** *(a.)*
rigor *(m.)*	**rigueur** *(f.)*
riguroso *(a.)*	**rigoureux** *(a.)*
riqueza *(f.)*	**richesse** *(f.)*
robar *(v. tr.)*	**voler** *(v. tr. et v.intr.)*
robo *(m.)*	**vol** *(m.)*
robo a mano armada	*vol à main armée*
rogar *(v. tr.)*	**prier** *(v. tr.et intr.)*
royalties *(m. pl.)*	**royalties** *(f.pl.)*
rúbrica *(f.)*	**rubrique** *(f.)*
rubricar *(v. tr.)*	**parapher** *(v.tr.)*
ruina *(f.)*	**ruine** *(f.)*
ruinoso *(a.)*	**ruineux** *(a.)*
rumor *(m.)*	**rumeur** *(f.)*
rutina *(f.)*	**routine** *(f.)*
rutinario *(a.)*	**routinier** *(a.)*

saber

Español	Francés
saber *(v. tr. e intr.)*	**savoir** *(v. tr./ v.i.)*
sacar *(v. tr.)*	**retirer** *(v. tr.)*
sacar dinero	*sortir de l'argent*
salarial *(a.)*	**salarial** *(a.)*
salario *(m.)*	**salaire** *(m.)*
salario base	*salaire base*
salario bruto	*salaire brut*
salario devengado	*salaire échu*
salario en efectivo	*salaire en espèces*
salario mensual	*salaire mensuel*
salario mínimo	*salaire minimum*
salario neto	*salaire net*
saldar *(v. tr.)*	**solder** *(v. tr.)*
saldar una cuenta	*solder un compte*
saldar una deuda	*solder une dette*
saldo *(m.)*	**solde** *(m.)*
saldo acreedor	*solde créditeur*
saldo bancario	*solde bancaire*
saldo de cuenta	*solde de compte*
saldo de una cuenta	*solde d'un compte*
saldo deudor	*solde débiteur*
saldo final	*solde final*
saldo líquido	*solde net*
saldo negativo	*solde négatif*
saldo vencido	*solde échu*
salida *(f.)*	**sortie** *(f.)*
salida de capital	*sortie de capital*
salida de divisas	*sortie de devises*
salida de efectivo	*sortie d'argent*

salidas de caja	*sorties de caisse*
salvedad *(f.)*	exception *(f.)*
salvo error u omisión	sauf erreur ou omission
saneado *(a.)*	sain *(a.)*
saneamiento *(m.)*	assainissement *(m.)*
sanear *(v. tr.)*	assainir *(v. tr.)*
satisfacción *(f.)*	satisfaction *(f.)*
saturación *(f.)*	saturation *(f.)*
saturación del mercado	*saturation du marché*
saturar *(v.tr.)*	saturer *(v.tr.)*
secretaría *(f.)*	secrétariat *(m.)*
secretaria *(m.)*	secrétaire *(m.)*
secretario general	secrétaire général
secreto *(m.)*	secret *(m.)*
secreto bancario	*secret bancaire*
secreto profesional	*secret professionnel*
sector bancario	secteur bancaire
sede *(f.)*	siège *(m.)*
seguimiento *(m.)*	suite *(f.)*
seguir *(v. tr.irreg.)*	suivre *(v.intr.et tr.)*
según *(prep.)*	selon *(prep.)*
según cantidad	aux termes de quantité
según contrato	aux termes du contrat
según el valor	aux termes de la valeur
según lo convenido	aux termes de l'accord
seguramente *(adv.)*	sûrement *(adv.)*
seguridad *(f.)*	sécurité *(s.)*
seguro *(a. y m.)*	assurance *(f.)*
seguro de cambio	*assurance de change*
seguro de crédito	*assurance de crédit*
seleccionado *(a.y p.p.)*	sélectionné *(a.)*
seleccionar *(v. tr.)*	sélectionner *(v. tr.)*
selectiva *(a.)*	sélective *(a.)*

sellado de acciones	timbrage d´actions
semana *(f.)*	semaine *(f.)*
semanal *(a.)*	hebdomadaire *(a.)*
semestral *(a.)*	semestriel *(a.)*
sencillamente *(adv.)*	simplement *(adv.)*
sencillo *(a.)*	simple *(a.)*
sensatez *(f.)*	bon sens
sensato *(a.)*	sensé *(a.)*
sensible *(a.)*	sensible *(a.)*
señalar *(v. tr.)*	signaler *(v. tr.)*
señas *(f. pl.)*	adresse *(f.)*
severo *(a.)*	sévère *(a.)*
si *(conj.)*	oui *(conj.)*
signatura *(f.)*	signature *(f.)*
similar *(a.)*	similaire *(a.)*
simple *(a.)*	simple *(a.)*
simplificación *(f.)*	simplification *(f.)*
sin abonar en cuenta	sans créditer
sin aviso	sans avis
sin cargar en cuenta	sans débiter
sin comisión	sans commission
sin descuento	sans bonification
sin gastos	sans frais
sin interés	sans intérêt
sin pérdidas	sans pertes
sinceramente *(adv.)*	sincèrement *(adv.)*
sinceridad *(f.)*	sincérité *(f.)*
sincero *(a.)*	sincère *(a.)*
sindicato *(m.)*	syndicat *(m.)*
sindicato bancario	*syndicat bancaire*
síndico *(m.)*	syndic *(m.)*
sistema *(f.)*	système *(m.)*
sistema bancario	*système bancaire*

sistema capitalista	système capitaliste
sistema competitivo	système compétitif
sistema contable	système comptable
sistema financiero	système financier
sistema monetario	système monétaire
situación *(f.)*	**situation** *(f.)*
situación del mercado	situation du marché
situación económica	situation économique
situación financiera	situation financière
sobrepasar *(v. intr.)*	**dépasser** *(v.tr.et intr.)*
sobrepasar el plazo	dépasser le terme
sobrevalorado *(a.)*	**surévalué** *(a.)*
sobrevalorar *(v. tr.)*	**surévaluer** *(v. tr.)*
sociedad anónima	**société anonyme**
sociedad extranjera	société étrangère
sociedad financiera	société financière
sociedad mercantil	société commerciale
socio *(m.)*	**associé** *(m.)*
socio capitalista	associé capitaliste
socio colectivo	associé collectif
socio comanditario	associé commanditaire
socio honorario	associé honoraire
socio industrial	associé industriel
socio participante	associé participant
solicitado *(p. p.)*	**sollicité** *(a.)*
solicitante *(s.)*	**sollicitant** *(s.)*
solicitar *(v.tr.)*	**solliciter** *(v. tr.)*
solicitud *(f.)*	**demande** *(f.)*
solicitud de crédito	demande de crédit
solidariamente *(adv.)*	**solidairement** *(adv.)*
solidario *(a.)*	**solidaire** *(a.)*
solidez *(f.)*	**solidité** *(f.)*
sólido *(a.)*	**solide** *(a.)*

solo *(a.)*	seul *(a.)*
solvencia *(f.)*	solvabilité *(f.)*
solventar *(v. tr.)*	acquitter *(v. tr.)*
solvente *(p. a. y a.)*	solvable *(a.)*
sondear *(v. tr.)*	sonder *(v. tr.)*
sondeo *(m.)*	sondage *(m.)*
sorprendente *(a.)*	surprenant *(a.)*
sorprender *(v. tr.)*	surprendre *(v. tr.)*
sorpresa *(f.)*	surprise *(f.)*
sostén *(m.)*	soutien *(m.)*
sostener *(v. tr.)*	soutenir *(v. tr.)*
sostener el mercado	*soutenir le marché*
sostener los precios	*soutenir les prix*
sostener una moneda	*soutenir une monnaie*
sostenible *(a.)*	soutenable *(a)*
sostenimiento *(m.)*	soutenance *(f.)*
subasta *(f.)*	encan *(m.)*
subastador *(m.)*	adjugeur *(m.)*
subcuenta *(f.)*	sous-compte *(m.)*
subdesarrollo *(m.)*	sous-développement *(m.)*
subdirector *(m.)*	sous-directeur *(m.)*
subestimación *(f.)*	sous-estimation *(f.)*
subestimar *(v. tr.)*	sous-estimer *(v. tr.)*
subir *(v. intr.)*	augmenter *(v.intr. et tr.)*
subir la cotización	*augmenter la cotisation*
subir lentamente	*augmenter lentement*
subrayar *(v. tr.)*	souligner *(v.tr.)*
subsanable *(a.)*	réparable *(a.)*
subsanar *(v. tr.)*	réparer *(v. tr.)*
subtotal *(m.)*	sous-total *(m.)*
subvalorado *(a.)*	sous-évalué *(a.)*
subvalorar *(v. tr.)*	sous-évaluer *(v. tr.)*
sucursal *(f.)*	succursale *(f.)*

sucursal bancaria	*succursale bancaire*
sucursal de banco	*succursale de banque*
sueldo *(m.)*	**salaire** *(m.)*
sueldo anual	*salaire annuel*
sueldo mensual	*salaire mensuel*
sufragar *(v. tr.)*	**financer** *(v. tr.et intr.)*
sugerencia *(f.)*	**suggestion** *(f.)*
sugerir *(v. tr.)*	**suggérer** *(v. tr.)*
sujeción *(f.)*	**assujettissement** *(m.)*
suma *(f.)*	**somme** *(f.)*
suma en bruto	*somme brute*
suma en descubierto	*somme au découvert*
suma estimada	*somme estimée*
suma global	*somme globale*
suma pagada	*somme payée*
suma restante	*solde*
suma total	*somme totale*
sumar *(v. tr.)*	**additionner** *(v. tr.)*
superar *(v. tr.)*	**surmonter** *(v.tr.)*
superávit *(m.)*	**excédent** *(a.et m.)*
superávit de caja	*excédent de caisse*
superávit de capital	*excédent de capital*
suscripción *(f.)*	**souscription** *(f.)*
suscriptor *(m.)*	**souscripteur** *(m.)*
suscrito *(p. p.)*	**souscrit** *(a.)*
suspender pagos	**cesser les paiements**
suspensión de pagos	**cessation des paiements**
sustentar *(v. tr.)*	**soutenir** *(v. tr.)*
sustracción *(f.)*	**soustraction** *(f.)*
sustraer *(v. tr.)*	**soustraire** *(v. tr.)*

Español	Francés
tabla *(f.)*	**tableau** *(m.)*
tabla de amortización	*table d'amortissement*
tabla financiera	*tableau financier*
tachable *(a.)*	**blâmable** *(a.)*
tachadura *(f.)*	**biffage** *(m.)*
talón *(m.)*	**chèque** *(m.)*
~con saldo confirmado	*~avec solde confirmé*
talón conformado	*chèque conformé*
talón cruzado	*chèque barré*
talón de ventanilla	*chèque de guichet*
talonario *(m.)*	**chéquier** *(m)*
talonario de cheques	*chéquier*
tarjeta *(f.)*	**carte** *(f.)*
tarjeta de crédito	*carte de crédit*
tarjeta de identidad	*carte d´identité*
tasa *(f.)*	**taux** *(m.)*
tasa anual	*taux annuel*
tasa de amortización	*taux d'amortissement*
tasa de cambio	*taux de change*
tasa mínima	*taux minimum*
tasa neta	*taux net*
tasa real	*taux réel*
tasador *(m.)*	**expert** *(m. et a.)*
telefonear *(v. tr.)*	**téléphoner** *(v.tr.et intr.)*
telefónico *(a.)*	**téléphonique** *(a.)*
teléfono *(m.)*	**téléphone** *(m.)*
telegrafiar *(v. tr.)*	**télégraphier** *(v.intr.et tr.)*
telegrama *(m.)*	**télégramme** *(m.)*
teleproceso *(m.)*	**télégestion** *(f.)*

temerario *(a.)*	téméraire *(a.)*
temeridad *(f.)*	témérité *(f.)*
temporada *(f.)*	saison *(f.)*
tendencia *(f.)*	tendance *(f.)*
tendencia a la baja	tendance à la baisse
tendencia al alza	tendance à la hausse
tendencia alcista	
tendencia del mercado	tendance du marché
tendencia económica	tendance économique
tenedor *(m.)*	teneur *(m.)*
tenedor de libros	commis comptable
teneduría de libros *(f.)*	tenue de livres *(f.)*
tenencia *(f.)*	possession *(f.)*
tener derecho	avoir le droit de
tener efecto	avoir un effet..
tener influencia	avoir de l´influence
tener obligación de	avoir l´obligation de
tensión *(f.)*	tension *(f.)*
teórico *(a.)*	théorique *(a.)*
tergiversación	interprétation erronée
tergiversar *(v. tr.)*	fausser *(v. tr.)*
terminado *(p. p.)*	terminé *(a.)*
terminante *(p. a.)*	final *(a.)*
terminar *(v. tr. e intr.)*	terminer *(v.tr.)*
término *(m.)*	terme *(m.)*
tesorería *(f.)*	trésorerie *(f.)*
tesorero *(m.)*	trésorier *(m.)*
test *(m.)*	test *(m.)*
testaferro *(m.)*	prête-nom *(m.)*
testificar *(v. tr. e intr.)*	attester *(v. tr.)*
texto *(m.)*	texte *(m.)*
textual *(a.)*	textuel *(a.)*
ticket *(m.)*	ticket *(m.)*

timador (m.)	escroc (m.)
timo (m.)	escroquerie (f.)
tipo (m.)	taux (m.)
tipo básico	taux de base
tipo de cambio	cours de change
tipo de cambio fijo	taux cours de change fixe
tipo de cambio flotante	taux cours flottant
tipo de comisión	taux de commission
tipo de compra	taux d'achat
tipo de descuento	taux d'escompte
tipo de interés	taux d'intérêt
tipo de redescuento	taux d´escompte
tipo legal	taux légal
titular (a. y s.)	titulaire (s. et a.)
titular de cuenta	titulaire d'un compte
titularidad (f.)	titularisation (f.)
título (m.)	titre (m.)
título a la orden	titre à l'ordre
título al portador	titre au porteur
título de propiedad	titre de propriété
título negociable	titre négociable
título nominal	titre nominal
título nominativo	titre nominatif
títulos valores	titres valeurs
tolerancia (f.)	tolérance (f.)
tolerante (a.)	tolérant (a.)
tolerar (v. tr.)	tolérer (v. tr.)
tomador (m.)	preneur (m.)
total (a.y s.)	total (a. et m.)
total de ventas	total des ventes
totalidad (f.)	totalité (f.)
totalmente (adv.)	totalement (adv.)
trabajador (m.)	travailleur (m.)

trabajar (v. intr.)	travailler (v. intr.)
trabajo (m.)	travail (m.)
traducir (v. tr.)	traduire (v. tr.)
traductor (m.)	traducteur (m.)
traer (v. tr.)	apporter (v. intr.)
tramitación (f.)	cours d´une affaire
tranquilidad (f.)	tranquillité (f.)
transacción (f.)	transaction (f.)
transacción bancaria	*transaction bancaire*
transacción bursátil	*transaction boursière*
transacción comercial	*transaction commerciale*
transacción financiera	*transaction financière*
~internacionales	*~internationales*
transferencia (f.)	transfert (m.)
transferencia a cuenta	*transfert à un compte*
transferencia bancaria	*transfert bancaire*
transferencia de capital	*transfert de capital*
transferencia de divisas	*transfert de devises*
transferencia ordinaria	*transfert ordinaire*
transferencia por cable	*transfert par câble*
transferencia por correo	*transfert par la poste*
transferencia postal	*transfert postal*
transferencia telefónica	*transfert téléphonique*
transferente (m.)	transfert (m.)
transferible (a.)	transférable (a.)
transferir (v. tr.)	transférer (v. tr.)
transmisibilidad (f.)	transmissibilité (f.)
transmisible (a.)	transmissible (a.)
transmisión (f.)	transmission (f.)
transporte (m.)	transport (m.)
transportista (m.)	transporteur (m.)
traspasable (a.)	cessible (a.)
traspasar (v. tr.)	céder (v. tr.et intr.)

traspaso *(m.)*	**transfert** *(m.)*
tratado *(m.)*	**traité** *(m.)*
tratado comercial	*traité commercial*
tratado de comercio	*traité de commerce*
trimestral *(a.)*	**trimestriel** *(a.)*
trimestre *(m.)*	**trimestre** *(m.)*
trueque *(m.)*	**échange** *(m.)*

último

Español	Français
Español	*Français*
último (*a. y s.*)	**dernier** (*a. et s.*)
unánime (*a.*)	**unanime** (*a.*)
unánimemente (*adv.*)	**unanimement** (*adv.*)
unanimidad (*f.*)	**unanimité** (*f.*)
único (*a.*)	**unique** (*a.*)
unificar (*v. tr.*)	**unifier** (*v. tr.*)
unión (*f.*)	**union** (*f.*)
unión económica	*union économique*
unión monetaria	*union monétaire*
unipersonal (*a.*)	**unipersonnel** (*a.*)
urgencia (*f.*)	**urgence** (*f.*)
urgente (*a.*)	**urgent** (*a.*)
usual (*a.*)	**usuel** (*a.*)
usuario (*m.*)	**usager** (*m.*)
usura (*f.*)	**usure** (*f.*)
usurero (*m.*)	**usurier** (*m.*)
útil (*a.*)	**utile** (*a.*)

valía

Español	Français
valía *(f.)*	**valeur** *(f.)*
validez *(f.)*	**validité** *(f.)*
válido *(a.)*	**valide** *(a.)*
valor *(m.)*	**valeur** *(f.)*
valor a plazo	valeur à terme
valor actual	valeur actuelle
valor al portador	valeur au porteur
valor añadido	valeur ajoutée
valor bursátil	valeur boursière
valor capitalizado	valeur capitalisée
valor comercial	valeur commerciale
valor contable	valeur comptable
valor de cambio	valeur de change
valor de canje	valeur de reprise
valor de emisión	valeur d´émission
valor de inventario	valeur d´inventaire
valor de inversión	valeur de placement
valor de la moneda	valeur de la monnaie
valor de liquidación	valeur de liquidation
valor de mercado	valeur du marché
valor de rescate	valeur de rachat
valor de tasación	valeur de taxation
valor del dinero	valeur de l´argent
valor en bolsa	valeur en bourse
valor en cuenta	valeur en compte
valor en libros	valeur comptable
valor estimado	valeur d'estimation
valor estimativo	valeur estimative
valor inicial	valeur initiale
valor medio	valeur moyenne

valor neto	*valeur nette*
valor nominal	*valeur nominale*
valor real	*valeur réelle*
valor realizable	*valeur réalisable*
valor recibido	*valeur reçue*
valoración *(f.)*	**évaluation** *(f.)*
valorado *(p. p.)*	**estimé** *(a.)*
valorar *(v. tr.)*	**évaluer** *(v.tr.)*
valores *(m. pl.)*	**valeurs** *(f. pl.)*
~de renta fija	*~à rentabilité fixe*
~de renta variable	*~ à rentabilité variable*
~del estado	*~d´état*
~en cartera	*~en portefeuille*
~en custodia	*~en dépôt*
~extranjeros	*~étrangères*
~mobiliarios	*~mobilières*
~negociables	*~négociables*
~públicos	*~publiques*
valuación *(f.)*	**estimation** *(f.)*
valuar *(v. tr.)*	**évaluer** *(v.tr.)*
valuta *(f.)*	**change** *(m.)*
variable *(a.)*	**variable** *(a.)*
variación de precios	**variation des prix**
variante *(f.)*	**variation** *(f.)*
vencido *(a.)*	**échu** *(a.)*
vencimiento *(m.)*	**échéance** *(f.)*
~de intereses	*~d'intérêts*
~de la letra	*~ d'une lettre de change*
~del contrato	*~du contrat*
~del plazo	*~du terme*
vendedor *(m.)*	**vendeur** *(m.)*
vender *(v. tr.)*	**vendre** *(v. tr.)*
vender bien	*vendre bien*

vendí *(m.)*	**certificat de vente**
venta *(f.)*	**vente** *(f.)*
~*al contado*	~*au comptant*
~*anticipada*	~*anticipée*
~*de divisas*	~*de devises*
~*de divisas a plazo*	~*de devises à terme*
~*de divisas al contado*	~ *de devises au comptant*
~*de valores*	~*de valeurs*
~*en firme*	~*ferme*
~*por liquidación*	~*de liquidation*
ventaja *(f.)*	**avantage** *(f.)*
ventajoso *(a.)*	**avantageux** *(a.)*
verdadera *(a.)*	**vraie** *(a.)*
verificación *(f.)*	**vérification** *(f.)*
verificación del precio	*vérification du prix*
verificar *(v. tr.)*	**vérifier** *(v. tr.)*
vicepresidente *(m.)*	**vice-président** *(m.)*
vigilancia *(f.)*	**surveillance** *(f.)*
vigilar *(v. intr.)*	**surveiller** *(v. tr.)*
vinculable *(a.)*	**rattachable** *(a.)*
vinculación *(f.)*	**rattachement** *(m.)*
vinculado *(p. p.)*	**rattaché** *(a.)*
visar *(v. tr.)*	**viser** *(v. intr.et tr.)*
visita *(f.)*	**visite** *(f.)*
visto bueno *(m.)*	**conformité** *(f.)*
vitalicio *(a.)*	**viager** *(a.)*
volumen *(m.)*	**volume** *(m.)*
volumen crediticio	*volume de crédit*
volumen de dinero	*volume d'argent*
volumen de negocio	*chiffre d'affaires*
volumen de ventas	*volume des ventes*
votación *(f.)*	**votation** *(f.)*
votación unánime	*vote à l'unanimité*

votar *(v. intr.)*

voto *(m.)*

voto mayoritario

voter *(v. intr.et tr.)*

vote *(m.)*

vote majoritaire

zona

Español	Francés
zona (f.)	*zone* (f.)
zona de libre comercio	*zone de libre échange*
zona monetaria	*zone monétaire*